U0086013

書山有路勤為徑
學海無涯苦作舟

制霸

世界華人首富

李嘉誠和他的年代

艾伯特——著

出身：1928年生於廣東潮州。

學歷：國小畢業，之後終生自學獲榮譽法學、社會科學博士。

經歷：歷茶館跑堂、鐵桶推銷員、塑膠花工廠廠主、地產開發商、長江實業集團負責人。

財富：資產市值超過310億美金，連續蟬聯15年「世界華人首富」。

事業：創辦長江實業集團、和記黃埔、TOM集團、汕頭大學、李嘉誠基金會……

成就：跨足了房地產、能源業、網路業、電信業、媒體……

座右銘：不義而富且貴，於我如浮雲。

志業：持續終生捐款支持教育、醫療、文化事業。

勉勵後人的話：「仁慈的獅子」。擁有絕對的力量並以仁慈為本，待人處世。

前言

浪奔浪流永不休

提起李嘉誠的名字，幾乎無人不知、無人不曉。他是財富的代名詞，創業六十餘載，總資產超過300億美元，自1999年被美國富比士富豪排行榜評為全球華人首富以來，15年間不論風雲如何變幻，始終穩居這一寶座。

追溯李嘉誠的家世，非官非富，他出生於普通的書香世家，少時身逢戰亂，隨父親避難來到香港，為生活所迫，他在茶樓當過跑堂，在工廠當過推銷員，用腳力和勤奮為自己累積了最原始的財富。他不畏艱難，自學英語，勤學各種知識，開拓視野，開啟了自強不息的個人奮鬥史。從推銷員到塑膠工廠的小業主，從小業主到全香港的「塑膠花大王」，從「塑膠花大王」到地產界大亨，再到貨運霸主，再到新世紀的網路傳媒弄潮兒……李嘉誠從未停下他前進的腳步。

如今的李嘉誠，掌管著香港最具分量、最具影響力的超大型財團。他的商業王國遍佈全球52個國家和地區，雇員人數超過26萬。他所從事的行業，涉及地產、通信、基建、航運、電力、石油、零售等多個領域。李嘉誠僅靠白手起家，締造出了如此規模的商業王國，成就了50年來華人商界最大的傳奇。人們不禁要問，這位商界巨擘究竟有多大的能量？

美國權威財經雜誌《富比士》曾這樣評價李嘉誠：「環顧亞洲，甚至全球，僅有少數的企業家能夠從貧苦的出身中戰勝種種艱險，成功挑戰，建立起一個業務多元化即遍佈全球52個國家的龐大商業帝國。李嘉誠在香港素有『超人』的美譽。事實上，全球各地商界翹楚均視其為擁有卓越能力、廣闊視野與超凡成就的強人！」

作為一位商人，李嘉誠的內心卻波瀾不驚，讓任何一個與他打過交道的人都敬佩他的為人，即使是針鋒相對的競爭對手，也為他的人格魅力深深折服；作為一位企業家，李嘉誠最熱衷的卻是慈善事業，不圖名、不為利；作為一位父親，李嘉誠的訓子之道以中國傳統文化為基點，自有一套自己的理論，如今他的兩個兒子已成長為新一代的商界翹楚；作為一位領導者，他知人善任、平等待人，創造出了「公司如家」的企業文化氛圍，在他的團隊，「打工皇帝」比比皆是……

縱觀李嘉誠的傳奇人生，他創造的不僅是財富，更是其身體力行的一套極富內涵的經商哲學與人生韜略。固然，李嘉誠的脫穎而出是時勢造英雄的結果，但更多的則是他獨特的謀事經商與為人處世方式。在世人眼裡，李嘉誠越來越成為一個凝聚著華人的智慧與奮鬥精神的代表，李嘉誠締造的商業神話，早已不再僅僅是一個人們津津樂道的話題，而是眾多創業人和追求成功者反思學習的典範。

當我們仰望這位傳奇人物的時候，不禁要問，是什麼讓一位困境中的少年白手起家，在商海中拚搏奮鬥而成長為今日的世界富豪？他的億萬財富神話是如何締造的？他獨到的商業謀略是如何練就的？他的備受人們欽佩的人格魅力又是緣何而來？或者用一句話來概括，是什麼鑄就了李嘉誠的成功？

李嘉誠的一段話給了我們答案。

李嘉誠說：「在逆境的時候，你要問自己是否有足夠的條件。當我自己處於逆境的時候，我自問：我夠！因為我勤奮、節儉、有毅力、肯求知及有信譽。」

是的。李嘉誠的成功很大程度上得益於他在逆境中的那種自強不息的精神，還有他那獨特的人格魅力。困頓時，勤奮堅忍，憑藉智慧和膽識叩開財富大門；機遇面前，好謀而成，用行動演繹商界神話；成功面前，深沉淡達，以大胸懷做大事業，不斷壯大他進軍世界的企業帝國。李嘉誠謀事亦謀人，經商亦經世。在商場上，他是叱吒風雲的領軍人物，深謀果斷；在為人處世上，他把做人看得比經商還重要，富貴不忘報國，投身公益。

李嘉誠說：「人們常讚譽我是超人，其實我並非天生就是經營者，到現在，我只能說經營得還可以。我是經歷過許多磨難和挫折，才悟出一些經營之道的。」

如今，這位耄耋之年的華人鉅賈依然活躍在人們的視線裡。他的影響力早已毋庸置疑，人們在感慨欽佩這位華人鉅賈的同時，更希望從他身上學習成功的經驗與智慧。本書的編寫，以時間為順序，意在讓渴望瞭解李嘉誠的人士，順著他的成長軌跡看到這位傳奇商人的傳奇人生。希望廣大讀者藉由對李嘉誠特殊經歷、經商之道、做人處事之法的闡釋，能從中得到一些有益的經驗和人生啟迪。

目　錄

目　錄

目　錄

第1篇 風雨飄搖的童年

（1928年～1942年14歲之前）

從書香世家走出來的讀書人，到背井離鄉的逃難者，其中辛酸有誰知？時代變遷的風雲莫測總是不以人的意志為轉移。身逢亂世，將何以為生？

年幼的李嘉誠跟隨父親踏上了香港這片陌生的土地，本以為在香港這個繁華的都市中，能夠找到專屬於一家人的寧靜生活，但命運卻又一次顯現出了它的無情。

在艱難的歲月中，貧苦具有能摧毀一切的力量，要想跨越這個困難，唯有咬牙堅持。俗話說：「窮人的孩子早當家」。14歲的李嘉誠挑起了家庭的重擔，用不屈服的個性和堅強的毅力與艱難困苦作戰。

少年時期這段苦難的經歷對李嘉誠的影響很大。他直言不諱的說這是他人生中最艱難的時刻。至此之後，即使生活出現再大的波瀾，即使事業面臨再大的危機，他都能坦然面對。不服輸、不放棄、積極樂觀的品質，是命運贈送給李嘉誠的第一份禮物。

第一章 沒有童年的童年

父輩的旗幟

1978年10月，廣東潮州的街頭仍然帶著未曾褪盡的夏意，殘存的知了還不時在午後時分傳來陣陣聒噪。這一天，雨後的涼爽帶來了一絲秋意，讓人的心情也像是被這場濛濛細雨浸濕的土地一樣變得潔淨平和了起來。

50歲的李嘉誠就是在這樣秋高氣爽的天氣裡再次踏上了闊別已久的潮州街道，這一次返鄉距離他的離開，已經過了整整38年。坐在車裡的李嘉誠，看著車窗外如水墨畫般的潮州城，一種既親切又陌生的感覺不由浮上心頭。

潮州城北門街有一條名為麵線巷的小街，因為它的蜿蜒狹長而得名。李嘉誠祖上留下的老屋，便在這條幽深巷子的盡頭。幼時的他，每天都要在這條青石板鋪成的小路上走過。他還記得那時的老屋院子裡有一棵在秋天結滿金黃柿子的老樹，還有使滿院飄香的桂花樹。

如今，幽靜院落裡的柿子樹已經不在，而當年的那個稚嫩的孩童也已在不知不覺中到了知天命的年紀。站在李氏老屋中的李嘉誠不會忘記那些童年僅有的快樂時光，更不會忘記先祖們當年的創業經歷。

李氏一族家學淵博，在粵東大地世代以教書育人為業。李嘉誠的曾祖父李鵬萬自幼天資聰慧、過目不忘，至清朝咸豐九年（西元1859年），他已是潮州地方有名的飽學之士。待到清同治二年（西元1863年），李鵬萬在每12年舉行一次的京官大考中脫穎而出，成為了文官八貢之一，並且官職連升三級，這在當時是至高的榮譽，可謂是光宗耀祖的喜事。潮州地方對李氏一家推崇備至，當地人以得到一副李鵬萬親筆書寫的對聯而引以為榮。現在仍然可以在廣東各地舊時建造的牌坊之上，尋見他當年的墨跡。

詩禮傳家的優良祖訓一直被李家後輩們不遺餘力的繼承著。李鵬萬的次子李曉帆從小就非常刻苦，在父親耳提面命的教授下，學業日益精進。僅17歲的他便考取了秀才，一時被傳為佳話。

李鵬萬去世後，李曉帆在離潮州不遠的澄海縣開辦了「澄海書院」。當時已是民國年間，中國正飽受列強欺辱之苦，李曉帆面對國家內憂外患的形勢，毅然舉起了反帝愛國的民族主義大旗，帶領他的學生上街遊行，參加在潮州舉行的學生大集會。他是李氏家族有史以來第一個走出書齋參與社會運動的知識分子。

這位叫李曉帆的進步人士，就是李嘉誠的祖父。

祖父李曉帆不僅關心國家時局，還積極擁護進步的文化運動，他是粵東地區最早廢除八股、提倡白話文的賢明之士之一。晚年的李曉帆以讀書和治學為其最大樂趣，同時仍然關心時事，勉勵學生運動。不得不說，正是李曉帆的學識、胸懷、正氣，影響著他的孫子李嘉誠。晚年的李嘉誠曾回憶自己年輕時所經歷過的戰亂歲月，不無感慨的認為自己的勇氣和堅忍的性格是從祖父李曉帆那裡繼承來的。

如果說李嘉誠的勇氣和堅韌的性格承繼於祖父，那麼，他的商業頭腦則受了堂伯父李雲章的影響。李雲章從小接受的是新式教育，中學時在廣州公立中學學了日語。彈丸之地的日本，在當時已是東亞的先進國家，軍事和教育發達，工業水準也接近世界先進國家。正是在這種情形下，小小的李雲章認識到了商業的價值。

經商，對於詩禮傳家的李氏家族而言，並非正途。在家族觀念中，商人是大奸大滑之人，所謂「無奸不商」，李雲章立志從商，簡直是辱沒門楣。年少的李雲章不顧父親的反對，為著心中的理想和實業興國的抱負，毅然遠渡重洋，留學日本。多年後，李雲章獲得商學博士學位，從日本歸來，在潮州這片生他養他的土地上為李家打出了一片商海天地，成為了李氏家族第一位舉起經商旗幟的人。

李雲章沒有想到的是，若干年後，那個叫李嘉誠的晚輩，接過了他手中的這面旗，並把這面旗幟插在了當時還是英租地的香港，再後來，又親手把旗插在了世界上的許多地方。李嘉誠的「長實集團」所代表的意義，也已經超過了李嘉誠本身。

幾十年間，李嘉誠生活在香港這座繁華綺麗的國際大都市，日理萬機，繁冗的商務生涯使他不得不奔走於世界各地之間。但在他的身上，仍然保留著李氏家族儒雅的書生風範，不論他的為人還是他的談吐，都不愧那個文雅的稱號——「儒商」。

如今的李嘉誠在閒暇時分，仍然會拿起《千家詩》翻看幾頁，這是他小時候最喜歡的書。八十多歲的他，也還是喜歡桂花茶清幽的香氣，桂花的香味對李嘉誠而言，還有一個名字叫「故鄉」。

來自書香世家的逃難者

如今位於潮州市北門街西南角的觀海寺小學，和全國其他地方的小學一樣，有著寬敞明亮的教室和現代化的教學設施，每天清晨伴隨著綠樹蔭和小鳥輕快的啼叫，校園裡都會傳出孩子們朗朗的讀書聲，顯得朝氣蓬勃。李嘉誠曾經特意來觀海寺小學參觀，在上世紀三十年代，這裡曾是他教育啟蒙的地方。

1933年，李嘉誠5歲。他仍然清晰的記得那是三月裡的一天，微風和煦，桃花已經吐露芬芳，到處都飄蕩著春的氣息。父親李雲經帶著他來到了書房，他並沒有像往常一樣把李嘉誠抱在膝頭並拿起桌上的唐詩念給他聽。李嘉誠被帶到懸掛在書房正中的一幅老人的畫像前，接過父親手中三炷已經點燃的香，恭恭敬敬地在畫像前行了跪拜之禮。這一拜，李嘉誠拜得格外虔誠，他曾經不止一次的聽父親講起這幅畫像的名稱叫做《先師孔子行教圖》，也不止一次聽父親講起過關於孔子這位命運多舛又無比執著的老人的故事。此時的李嘉誠雖然年幼，也懂得祭拜孔聖人意味著他將被允許進入學堂讀書。而他所要去的學堂，便是觀海寺小學。

那時的觀海寺小學，並不是獨立的學堂，而是隸屬於觀海寺的廟產。在李嘉誠的記憶中，兒時的讀書聲總是和廟中的誦經聲摻雜在一起，此起彼伏，格外動聽。從入學堂讀書的第一天起，5歲的李嘉誠就在心裡暗下決心，一定要刻苦讀書，將來要像父親一樣執教育人。

李嘉誠的父親李雲經，始終堅持祖訓，以讀書為正業。在他四歲時，就已經能夠背誦《唐詩三百首》，五歲時能夠寫得一手工整的小楷，七歲時就能讀懂《隨園五記》了。就連私塾中的教書先生都認為李雲經是幾十年間難得的人才，將來必定能成大器。

可是，命運總是喜歡和人類開玩笑。就在李雲經 17 歲那年，父親李曉帆去世了。家裡一下子失去了依託，無資供他繼續念書。這時候李雲經的堂兄李雲章已經從日本學成歸來，並且在潮州的生意做得井井有條，少年李雲經於是動起了隨堂兄一同做生意的念頭。

在得到母親的許可後，李雲經跟隨堂兄搭上了去南洋的輪船。但由於沒有經商的經驗和急於賺錢的心態，這一次出海成為了李雲經慘痛的回憶，不僅賠光了借來的本錢，低價買來的玻璃器皿也由於包裝不善大部分都被摔得粉碎。南洋失敗的經商經歷，讓李雲經明白他還是更適合於讀書這條路。在接下來的日子裡，伴隨著貧苦，李雲經發憤自學。「皇天不負苦心人」，經過幾年的努力，他終於能以「同等學歷」的身分進入學校教書。由於李雲經卓越的教學能力，他先後被聘為庵埠宏安小學校長和庵埠郭壟小學校長。

成年後的李嘉誠在談起父親時，言語中總是不經意的流露出自豪之情。小時候的李嘉誠有著和父親一樣的讀書天分。他本可以跟隨父親的腳步，同樣走上執教育人這條路，但隨著一聲尖利的砲聲，命運之書將被重新書寫。

1937 年 7 月 7 日，盧溝橋事變爆發，日本發動了全面侵華戰爭。不到半年時間，日本靠著堅船利砲竟侵佔了中國的幾近半壁疆土。前一天還是風和麗日的好天氣，第二日便風起雲湧，這場突如其來的變故，讓中國幾乎所有的無辜百姓遍嘗戰爭的殘酷。

如今處於太平盛世的李嘉誠，回想起當年的戰亂，最深的印象便是從那以後好像永遠都是風雨盤踞。隨著形勢越來越緊迫，寧靜的學校也已是陰霾籠罩。1939年6月21日，日寇對汕頭進行大規模轟炸，隨後海陸軍隊出動，汕頭淪陷。教育科終於沉痛宣佈，所有學校即刻全面停課。這一年，李嘉誠已念到小學六年級，最後一課他始終記憶猶新。國文老師慷慨激昂講解岳飛的《滿江紅》，最後師生含淚高唱《義勇軍進行曲》。那一幕的悲壯，讓11歲的李嘉誠握緊了小小的拳頭。

面對迅速向潮州撲來的瘋狂日寇，李雲經做了最艱難的抉擇：全家撤離世代居住的潮州。當父親說出這句話時，李嘉誠眉頭緊皺，望著陰沉的天空，看著街上匆忙無措的行人，聽著不斷炸響的砲聲，心裡一片空白。

此時本已患病的祖母在顛沛流離的逃亡中，病情不斷加重，縱然全力調治，依舊難以回生。這是李嘉誠人生中第一次面對與至親之人的訣別。身逢亂世的兒孫，縱使悲痛萬分，竟也找不到一具像樣的棺木，更別提厚葬之事了。悔恨、憤怒、無奈，李嘉誠懂得了「國仇家恨」的意義。

後來一個起風的午後，李嘉誠坐在辦公室裡，俯瞰全香港，想起了祖母臨終時那句感嘆：「阿誠，我們什麼時候能像潮州城中某某人那麼富有？」如今，他資產遍佈全球，卻再也看不到祖母最慈祥的笑容。

李氏一家躲著不時飛來的流彈，越過一道道封鎖線，步行十幾天，出澄海到揭陽，經惠來到陸豐，經寶安抵達香港。一路上，李雲經打工度日，李嘉誠也力所能及地照顧弟妹。那時的他，雖然只有十一歲，但已經像個大人一樣，不但幫母親做家務，還到野地裡去挖野菜給家人充饑。有人說，在逃難的過程中，年紀尚小的他，卻表現出了超人的堅強和忍耐力。

初次踏上香港這片土地，年弱單薄的李嘉誠眼中滿是好奇，於是他不管做什麼事情，都是跑著，好像只有這樣才能跟上這座城市的腳步，但他絕對不會想到，後面會有更艱難的挑戰在等著他。

此時發生的一切，僅僅是個開始。

被「拋棄」的孤獨者

七月流火。有著亞熱帶季風氣候的香港總是被烈日炙烤著。每到夏日，李嘉誠空閒時總會習慣性的站在中環皇后大道中 2 號 70 層的辦公室窗前眺望四周林立入雲的高樓。他還記得當他和父母剛踏上香港的土地時，在每一條狹長的街道兩旁密密麻麻擁擠著的各式店鋪，還有似乎長著觸角般始終包裹著他的黏熱空氣。擁擠和潮熱，是香港這座城留給李嘉誠的第一印象。

李雲經決定把逃避戰火侵襲的落腳點選在香港，一是因為當時的香港還是英租地，他原本以為日本人的氣焰再怎麼囂張，也不敢和英國人動真槍。還有一個原因，是妻子莊碧琴的長兄已在香港生活多年，並且經營著一家鐘錶行。在這樣兵荒馬亂的年月裡，遠方的親人能給他們帶來極大的心理安慰。

當他們一家五口出現在人頭攢動的香港街頭時，陌生感佔據了他們的全部身心。大大小小的商鋪排列四周，金髮碧眼的外國人隨處可見，路標牌上的指示文字也幾乎都是用英文書寫的。李雲經拿著幾年前與妻兄的通信地址，幾乎走了整整一天，才在兩座「巨型」高樓中間的狹窄小巷裡找到寫有「香港中南錶行」字樣的招牌。這一路的奔波與辛酸，讓他們在看到這一塊不大的招牌時，流下了激動的淚水。

李嘉誠的舅父莊靜庵此時已在香港生活了十多年，因為年少時曾在廣州學得一手修理鐘錶的精湛手藝，他隻身一人來到香港打拚。經過十幾年的不懈奮鬥，他在寸土寸金的香港開起了屬於自己的鐘錶行。位於中環的這家店鋪只是他「中南錶行」的一個分店。李雲經在瞭解了妻兄如今的生活境況後，心裡暗暗生出欽佩之情，也讓他對未來的新生活充滿無限遐想。

在莊靜庵的幫助下，李雲經一家在香港九龍一處不大的房子裡住了下來。房子雖然小，卻足以讓他們在此安身立命，一家人和和美美的生活在一起，遠離了戰爭的紛擾。日子過得雖然清苦，但也無比溫馨。

莊靜庵欣賞曾身為小學校長的妹夫的滿腹經綸，想留他在自己的鐘錶行工作。這番好意卻被李雲經婉言謝絕了，他覺得自己一家人前來投奔莊靜庵已經給妻兄添了不少麻煩，他希望在香港這片嶄新的土地上依靠自己的能力養活家人。不久後，李雲經便在一家廣東人開的商行裡找到了工作。

李雲經不求人只求己的個性對李嘉誠的影響很大。他曾回憶自己這幾十年在商場打拚遇到困難時，總是從自己這方尋求解決的辦法。李嘉誠坦言，不輕易給別人添麻煩的思想，都是父親言傳身教的結果。

平靜的生活轉瞬即逝，而苦難的歲月卻總容易被人們深深記住。

1941 年 12 月 8 日，太平洋戰爭爆發。戰爭的陰霾終於還是飄向了香港的天空。12 月 25 日耶誕節這一天，日本開始向香港發起總攻，駐紮在香港的英軍無力抵抗。遠處隆隆的砲聲和泛起的陣陣黑煙，像極了故鄉潮州淪陷時的情景。13 歲的李嘉誠再次輟學了。一家人再一次陷入了一貧如洗的生活。

「屋漏偏逢連夜雨」。李雲經發現自己咳嗽的舊疾日益加重了。他咳嗽的毛病在剛到香港時就有了，總以為是一路逃難奔波所致，並不曾在意，已經有將近一年的時間。隨著時間的流逝，李雲經的咳嗽越來越頻繁，苦於家境貧寒，沒有錢去看醫生，直到這一年的深冬，他吐了血，才不得不住進了醫院。經過檢查，醫生告訴他，他得的是很嚴重的肺病。在當時的中國，肺病還有一個更為大眾所熟悉的名字——肺癆，被治癒的機率是很小的。

妻子莊碧琴和兄長莊靜庵幾乎問遍了香港的所有名醫，無奈戰爭中的香港醫療條件極差，無力回天。就在這一年的春節時分，李雲經與世長辭。他在去世前，曾把李嘉誠叫到床前，異常沉重的把家庭的重擔交付到李嘉誠的手中。這時候的李嘉誠，剛滿14歲。

14歲的李嘉誠還是個孩子，這個年齡本是對人生充滿無限幻想的時候，而在李嘉誠的生活中，卻是他用自己單薄的肩膀扛起了整個家庭，那是他人生轉變最為關鍵的時刻。14歲的他在戰爭的大環境下，經歷著漂泊異鄉、少年失學、父親去世的一連串變故，這一切都彷彿讓他在一夜之中長大。

2009年，李嘉誠在接受福建衛視《相約東南》欄目採訪時被問到這一時期的經歷。他說，那時候自己之所以能撐下來，只有兩個詞可以概括：意志和責任。也正是這兩個詞所包含的內容讓他在今後更大的困難面前從不低頭。

李嘉誠的父親被安葬在香港羅湖的沙嶺墳場。舊時的沙嶺墳場，是許多來港的無名潮州人的安葬之地。如今仍有大片沒有墓碑的墳頭，似乎向人訴說著戰爭年歲裡生命的渺小。

舅父莊靜庵為了妹妹一家的生活，曾提議讓李嘉誠去他的鐘錶行當學徒。李嘉誠深深記得父親臨終前對他講的「求人不如求己」，他決定要像父親當年一樣，依靠自己的能力來養活母親和三個弟妹。

說時容易做時難。少年李嘉誠還沒有從失去父親的悲傷裡緩過神來，就要馬上開始四處找工作。工作並非一朝一夕就能找到。那段時間他幾乎跑遍了整個香港，但仍然沒有絲毫的進展。每天回家看著也同樣沉浸在悲傷中的母親，李嘉誠深感內疚，他感到前所未有的茫然和失落。他不知道自己是不是真的能如父親希望的那樣真正撐起這個家，他怕他做不到。雖然這樣想，但第二天天一亮，他依然會去再次尋找工作機會。

那段歲月是李嘉誠感到最沮喪的時候。他常一個人悄悄的走去父親的墓地，默默的站在冷風中，想著父親，想著前途未卜的明天。他多麼希望父親能夠再回來，哪怕日子過得再清苦，哪怕一天只吃一頓飯。可是，無論他多麼希望父親回來，奇蹟也不會發生了。

李嘉誠始終不能忘記兒時在潮州時，父親常帶著他流連於青山綠水間。那時候的他坐在父親的肩頭，心情也像是盤旋在頭頂的鳥兒一樣輕盈。而這些美好的畫面，已經成為無法複製的昨天。14 歲的李嘉誠不住的問自己，他還會有美好的明天嗎？

第二章 命運的負重

「孤獨是我的能量」

2013年11月22日，《南方週末》記者採訪團，踏入了位於香港中環「長實集團」中心的頂層辦公樓，這是李嘉誠的辦公所在地。迎接他們的正是85歲的李嘉誠本人，他步伐穩健，精神矍鑠。他和每一個人握手，微笑著遞過名片後，用略帶潮汕口音的普通話做自我介紹：「李嘉誠」。

在來到這座聞名世界的大廈之前，他們曾想像著全球華人首富的辦公室，一定會有奢華的沙發，閃著金光的獎盃以及與全球著名人士的合影。然而，他們看到的李嘉誠的辦公室，卻有著極簡的風格。

偌大的辦公桌上，兩支筆，一副放大鏡，除了一遝很小的便箋之外，沒有一張多餘的紙張。李嘉誠說，這是他多年來養成的「今日事今日畢」的習慣。李嘉誠每週要在這張辦公桌前工作五天半。他曾帶著玩笑的口吻說自己可能是全公司裡最少請假的人。

辦公桌的對面，是純黑色的沙發和茶几。沒有菸灰缸，沒有花瓶，也沒有潮州人偏愛的功夫茶具，只是孤零零地擺著一個在生日時同事送給他的卡通版「李嘉誠人偶」。

李嘉誠辦公室最出名的，是辦公桌右側牆壁上懸掛著的一幅清代左宗棠題的詩句：「發上等願，結中等緣，享下等福；擇高處立，尋平處住，向寬處行。」這兩句詩，不僅蘊含著深刻的人生哲理，多年來，也是李嘉誠始終信奉的人生信條。

就是在這樣一個大約 6 坪大的簡單辦公室裡，李嘉誠遙控指揮著遍佈全球 52 個國家和地區的近萬億財富。如果不是親眼所見，真是讓人難以置信。

他曾說過，富不忘本。始終向高處走的他，如今說起那段風雨盤踞的苦難歲月，仍然掩飾不住內心的顫動。

俗話說「福無雙至，禍不單行」。14 歲的李嘉誠在經歷父親去世的沉痛悲傷後，意外的發現自己也染上了「肺癆」這種可怕的疾病。起初輕微的咳嗽，讓他誤以為是為了找工作每天早出晚歸偶感風寒。為了不讓母親擔心，他總是在母親睡著後自己悄悄煮一碗薑湯水喝下，過了一段時間，咳嗽不見好轉，反而越來越厲害，身體也越來越虛弱。沒有錢看醫生，李嘉誠為了確認自己的病情，翻遍了能夠找到的所有醫書，結果讓他不寒而慄……

為了隱瞞病情，李嘉誠出門的時間一天比一天早，晚上回到家中強撐著疲憊的身體幫母親照顧弟妹，夜裡發燒的他即使蓋兩床被子也冷得瑟瑟發抖。李嘉誠告訴自己一定不能倒下，他始終記得父親臨終時的囑託，要照顧母親、照顧弟妹，要撐起這個家。就這樣，他竟然硬生生的瞞住了母親，瞞過了身邊所有的人他的病情，即使那時候他的病情已經相當危險。

沒有錢去看病，李嘉誠便只能用自己創造的方法來對付疾病。他每天清晨都爬一小時的山，為的是到山頂呼吸新鮮空氣。由於他從小讀書多，又寫得一手漂亮的毛筆字，他替許多飯店的廚師寫家信，以換取為數不多的魚汁和魚雜湯，並強迫自己喝下這種氣味極其腥膻的湯水，因為他知道這些湯很有營養，對自己的病情有好處。可就是連這魚湯他也不忍心喝完，每次得到這樣特殊的「報酬」時，總要帶一些回家給正在發育的弟妹改善伙食。

李嘉誠後來回憶說那時候他每天對自己說的最多的話是一定不能死。身為大兒子，為了母親和弟妹，為了前途，一定要堅持下去，一定要讓自己的身體好起來。也許是他的堅持起了作用，又也許是上天也不忍心看著瘦小的李嘉誠繼續受苦，在第二年春天的時候，李嘉誠的身體漸漸恢復了。

日漸恢復健康的李嘉誠覺得自己撿回了一條命。在他的眼中弟妹比平時更可愛，那年春天的花朵也開得更為鮮豔。但由於李嘉誠身體弱小，許多店鋪都拒絕了他的求職，李嘉誠找不到正式的工作，只能靠偶爾替別人代寫書信和打短工幫母親維持生計。但生性樂觀堅忍的李嘉誠從不灰心。這段時間，舅父不止一次的要求外甥去他的錶行當學徒，倔強的李嘉誠總是不情願，他一定要做到對父親的承諾，用自己的能力養活家人。

就是在這樣的艱苦歲月裡，李嘉誠也還是不忘學習的重要。由於接觸的人多，他已經慢慢地改掉了剛來香港時帶有濃重潮汕口音的廣東話，取而代之的是更符合香港人說話習慣的字正腔圓的廣東話。同時，李嘉誠還不斷學習英語，雖然已經輟學，可初來香港學校時的書本都還留著，每晚回到家都要翻看那些書籍。又在空閒時請教在香港生長的表妹莊月明，請她糾正自己的英語發音。

成為成功人士後的李嘉誠曾經在不同的場合說起自己當初的學習經歷，用得最多的字眼是「搶學問」。他說：「別人都是求學問，而我是搶學問，我沒有條件上學，只有靠搶在別人前面，才能做得更好，才能讓我在最艱難的日子裡，也總是充滿信心。」

那時候的李嘉誠用平時省吃儉用的一點點錢去舊書攤買舊書看，總是在一本書的內容完全記在腦子裡了，才肯去換另一本書，其中買得最多的是學校用的教科書，一本辭海、幾本教科書，加上他的勤奮，堅持下來，他的知識堪比一個中學畢業生。

李嘉誠曾說：「苦難是最好的學校。」回首當年那段最艱難的歲月，一個14歲的少年郎沒有被困難擊倒，而是勇敢的站直了身體。李嘉誠在經歷了人生第一次極其險惡的挑戰而沒有被打垮，預示著他開始成長為一位能承受一切生命之重的人。

偉大是磨難熬出來的

人們在鏡頭前看見的李嘉誠，總是一件白襯衫加深藍色西裝配藍白色系的領帶，大副的黑框眼鏡，永遠平易近人的招牌笑容，不拘謹、不做作、不傲慢。如果對不知道他的人說這是華人首富，一定會有人搖頭不信。

人們心目中的富豪，一定是穿著世界級名牌服飾，渾身上下珠光寶氣，來來往往名車接送，進進出出保鏢簇擁。世界上也不乏這種類型的富豪。李嘉誠和他們比起來，簡直就像一個異類。並不是李嘉誠講不起排場，他的車庫裡同樣有世界頂級名車，只不過在日常生活中，普通的大眾車型更讓他感覺內心舒適。李嘉誠不是一個鋒芒畢露的張揚商人，他低調勤勉的性格，也是在長久的生活磨難中養成的。

花開花謝，轉眼間，李嘉誠在香港已經度過了三個年頭。這三年，是他人生的低谷，也是他少年老成性格養成的開端。凡是熟識李嘉誠的人，都對他穩健的人格魅力有著深刻的印象。他成熟、穩重的個性，也讓他在日後風雨飄搖的商海沉浮中總是立於不敗之地。李嘉誠曾說過他之所以能成功，很大一部分原因在於他早期面對生活帶來的種種磨難時，堅持、不放棄的態度。這一點，是很值得現在的年輕人深深領悟並學習的。

俗話說：「萬事開頭難」。李嘉誠在香港的前幾年更是難上加難。艱難的生活，逼迫他不得不飛速生長，生長的速度時常讓他感到應接不暇。艱苦的日子李嘉誠並不是沒有遇到過，曾因為戰亂原因舉家遷徙時，四周到處是荒蕪的景象，找不到住的地方，一家人便在路邊歇腳，沒有食物，便拔野菜充饑。身邊是身患重病的祖母，頭頂是不時飛過的流彈，腳下是不知何時才能走完的路。那時的生活不光艱難，可以說性命都在旦夕之間。

李嘉誠不怕苦。戰亂時即使再感艱難，身旁有父親的支撐，有父親在，他便覺得有依靠，他知道這樣的艱苦是能邁過去的。可是從今，他能依靠的僅僅是自己。在他的身後，還有孱弱的母親和三個年幼的弟妹。如果不能讓家人過上幸福安穩的生活，他如何面對父親的在天之靈？

李嘉誠還清晰的記得父親臨去時前將整個家的重擔交給他時那種略顯愧疚又不得已的眼神。李嘉誠告訴自己，必須堅持。

怎樣在逆境中找到出路，是當時的李嘉誠獨自面對人生的第一堂必修課。除了每天不停的尋找工作機會外，李嘉誠把所有的業餘時間都用在了學習上。他知道，工作機會雖然不易得到，但這不過是時間問題，他遲早會依靠自己辛勤的勞動來養活家人。而一旦找到工作，會給他的生活帶來很多的挑戰，如果自己沒有做好充分的準備，任何一項工作都不能做得長久。

對於一個14歲的孩子來說，這份生活的負重帶給他的生命感悟，似乎太早了點。可是，正是這份超越了他年齡的煎熬，讓李嘉誠不僅在內心還是在思想上，都迅速的成長了起來。每天，李嘉誠走在香港的街頭，一邊找工作，一邊看馬路兩邊的路標，這使他不僅記住了香港大大小小的街道，也認識了許許多多的英文地名。他把看到的每一個單詞都記在本子上，有自己不會讀的，都會去悉心請教表妹。

「塞翁失馬焉知非福」，李嘉誠在不知不覺中，走遍了香港街頭，這成為了他今後工作中一筆不小的財富。在此過程中，他養成了不間斷學習英語的習慣，即使多年後，李嘉誠已經能用一口地道的英語和外國人談生意，他還是保持著每天朗讀英文的習慣。現年86歲的李嘉誠，仍然堅持每天晚飯後看半小時英文電視的習慣，不僅看，他還要大聲的跟讀，用他自己的話來說，是要「保持良好的語感」，因為「怕落伍」。

年少的李嘉誠就這樣，默默的面對著磨難，一步超過一步，一天捱過一天，生活看似沒有任何起色，但他的學識和內心都在無聲中慢慢起了變化。悲憫人間的「上帝」，終於將目光投向了這個外表虛弱、內心堅強的少年。不幸的李嘉誠，很快就將熬出頭了。

第2篇 貧窮的力量

（1943年15歲～1957年29歲）

貧窮與困苦對平庸者而言，是一種災難。但對有志者來說，則是生活中必經的歷練。少年時苦難的經歷，造就了李嘉誠不屈的個性，他以勤為徑，依靠自己單薄的身體，用辛勤的勞動撐起了一個家的希望。

從茶樓跑堂到獨自創業，辛勤與汗水是他的武器。他以艱辛的生活作為動力，銳意進取，養成了一生勤勉好學的性格特點。李嘉誠之所以能從白手起家，創造出數以百億的財富王國，不是他有超能力，而是他個人不懈努力奮進的結果。

一個人即使生於富貴之家，如果沒有積極進取的人生態度，即使萬貫家私也總有消耗殆盡的一天。而一個再普通不過的人，只要有恆心、有毅力、有堅定不移的信念和克服困難的決心，終將能創造出屬於自己的奇蹟！

生命的輝煌只為那些有準備的人而閃耀。

第三章 風起雲湧少年時

在磨難中自立成人

香港有許多極具特色的著名老街，其中許多條街因為帶有鮮明的時代氣息和歲月痕跡，而成為香港一景。許多到香港的旅遊者都要專程去那裡看一看。永利街、灣仔、油麻地、西營盤，這些耳熟能詳的地名都是香港老街的代表，而位於香港島西部的西營盤，對李嘉誠而言，又具有特殊的意義。

1943年，已滿15歲的李嘉誠便是在這裡找到了他人生中的第一份工作。

那時的西營盤，比現在更加繁華，店鋪林立，商貿繁忙，許多有錢有勢的人家都住在這裡。年輕的李嘉誠想要躋身於這條商家櫛比的商業街，並不是一件容易的事。他曾經為了找到一份工作，數百次的奔波於香港的各條街道間，來港不久的李嘉誠，看起來瘦弱不堪，有名的店鋪老闆怎麼會雇用這樣一個沒有文化、不知根柢的窮孩子呢？李嘉誠四處碰壁。

俗話說：人無百日好，亦無百日憂。櫛風沐雨的李嘉誠終於迎來了新生活的曙光。「春茗大茶肆」就是他的福地。

這一天，李嘉誠走進這座古色古香、有著精美設計的大茶樓尋求工作機會。碰巧茶樓老闆也是潮州人，看著眼前這位略帶書生氣的小老鄉，老闆心中產生了一絲親切感。更讓李嘉誠感到慶幸的是，茶樓老闆認識自己的父親李雲經。就這樣，李嘉誠成為了春茗大茶肆的一名堂倌。所謂茶樓「堂倌」，通俗的說法是給客人端茶送水、跑腿打雜的夥計，是茶樓裡身分地位最低、工作時間最長、工資收入最低的人。但就是這樣一份工作，對於年少的李嘉誠而言，也是得來不易的，他十分珍惜這份工作，幹起活來格外勤勉。

舅父莊靜庵在李嘉誠找到第一份工作後，送給他一個鬧鐘。每天清晨，李嘉誠都在鬧鐘響過之後立刻翻身起床，從不耽誤一分鐘。他總是刻意把鬧鐘時間調快十分鐘，在別的夥計到達茶樓前，他已經做好了工作前的準備。

將時間調快10分鐘，後來成為了李嘉誠的習慣，他說正是因為這個習慣，讓他幾十年來總走在時間的前面，未雨綢繆，從不懈怠。

茶樓每天清晨5點就要開門迎客。晚上關門打烊時，都到了夜半時分，李嘉誠每天都要工作整整15個小時。下班後拖著疲憊的身體回到家中時，依然堅持每晚自修。那時候他看了很多書，除了《三國演義》和《水滸傳》，不看其他小說，不看「沒有用」的書，讀得最多的是關於謀生、關於增長生存技能的書。工作時，也利用短暫的閒置時間，翻看隨身攜帶的書籍。

1998年接受香港電臺訪問時，李嘉誠篤定地說：「在逆境的時候，你要問自己是否有足夠的條件。當我自己處於逆境的時候，我認為我夠！因為我勤奮，我節儉，有毅力。我肯求知，建立良好的人際關係。」不斷充實自己，不輕易浪費時間，是李嘉誠成功的前提。他的努力也使他成為春茗茶樓有史以來加薪最快的堂倌。

茶樓雖說面積有限，但實則是個小社會，來往的茶客三教九流，什麼樣的人都有。李嘉誠在這裡接觸到了從小不曾接觸的社會的真實一面，有心的他開始學著察言觀色，經過一段時間的刻意觀察，李嘉誠能夠在極短的時間裡根據客人的言行舉止、服飾特徵判斷出此人的身分、地位、籍貫、性格等資訊。這也為他日後的推銷工作和商海雄戰打下了基礎。所以說，不管身處何種地位與環境，用心體會生活的人總是離成功更近一步。

茶樓的工作讓李嘉誠解決了一家人的溫飽問題，雖然談不上富庶的生活，但也能衣食無憂，不用再依靠舅父偶爾的接濟度日。開闊了視野後的李嘉誠漸漸對眼前的生活感到不滿足，每天看著茶樓中「大人物」進進出出，他懂得了一個人身分、地位的重要性。漸漸的，在李嘉誠年輕的心靈裡滋生出了越來越強烈的奮進的想法。他知道，要讓自己也變成有身分、有地位、受人尊重的人，必須掌握一技之能。在這座茶樓裡，即使工資再加幾倍，也還是會被人瞧不起。

李嘉誠在認真考慮了將來之後，毅然辭去了春茗大茶肆的工作，來到了舅父中南錶行位於香港中環的分店當學徒。

位於中環的這家錶行離李嘉誠的住處很遠，為了能夠準時上班，李嘉誠每天早晨四點準時起床，步行兩小時到達店鋪，開始一天的工作。在這裡，李嘉誠從沒有遲到過一天，因為他知道，舅父一輩子和鐘錶打交道，對時間的概念相當嚴格，再加上他和舅父的親戚關係，不想別人因此覺得他享有特權，反而要比別人做得更出色。

錶行有規定，新來的學徒是沒有資格學習修錶技術的，只能做開門、倒水、打掃、跑腿的雜活。舅父對李嘉誠解釋說：「人家老闆總是要試試你的忍耐力才肯把手藝傳給你。」忍耐、恆心、毅力，對李嘉誠而言，從不欠缺，似乎是他與生俱來的能力。李嘉誠默默幹著分內分外的工作，從不抱怨，既勤快又踏實。這讓許多在錶行幹了十幾年的老師傅都對他讚不絕口。

人的心性的成熟是不一定和年齡成正比的。少年李嘉誠就用自己的行動充分證明了這一點。雖然此時的他只有16歲，但人很機靈，而且做起事來十分有心。此時的他在經歷了茶樓跑堂的歷練後，已經明白了「學藝不如偷藝」的道理。所以，在「師傅領進門」之前，他利用幹活空閒的時間，悄悄地觀察老師傅們是如何拆解修理一只只零件精細的手錶。漸漸的，他把修錶的幾乎所有細節都記在了心裡。

李嘉誠在中環這家錶行做了半年之後，被調去了位於高升街的另一家店鋪。在這裡，有了「偷師」基礎的李嘉誠信心滿滿，本以為可以接受系統的修錶訓練，卻被告知進店學徒一律要幹滿三年才能正式拜師學藝。這一規定對李嘉誠打擊不小。他並不怕苦，也不怕平日工作內容的瑣碎，但是三年時間對他而言確實太長，三年後他就滿19歲了，到那時再學手藝，他等不及了。他的內心再一次開始了猶豫。但李嘉誠絲毫沒有把自己內心的猶豫表露出來，仍然兢兢業業的做著自己的工作。

與李嘉誠在高升店共過事的同事後來回憶道：「阿誠來高升店，是年紀最小的店員。剛開始誰都不把他當一回事，但不久都對他刮目相看。他對鐘錶很熟悉，知識很全，就像吃鐘錶飯多年的人，誰都不敢相信，他來店才幾個月。當時我們都認為他會成為一個能工巧匠，也能做個標青（出色）的鐘錶商，還沒想到他今後會那麼威水（顯赫）。」

在李嘉誠還沒來得及仔細思考未來的道路時，傳來了一個激奮人心的好消息。1945年8月15日，在中國的土地上作威作福整整八年的日寇無條件投降，舉國歡騰！殘留在香港的日本人灰溜溜的乘水路離開了，李嘉誠想著這幾年來的顛沛生活，感慨萬分。他又來到了沙嶺墓場，站在了父親的墓地前，默默的將這個好消息告訴父親，以慰藉亡父的在天之靈。

中日戰爭期間，香港人口從戰前的163萬銳減到60萬。戰爭結束了，幾十萬出逃的人口又回流至香港。一時間百廢待興。

舅父莊靜庵準確預見到香港經濟將在這一特殊的歷史時期下飛速發展，他及時調整錶行裡的人事佈局，引進新員工，不失時機的擴大錶行規模。李嘉誠被分配到港九各地推銷一批剛進店的進口手錶。這一工作需要李嘉誠四處奔波，使他彷彿又回到了曾經到處求職的時期。然而，他所不知道的是，新的機遇已在前方向他招手。

人窮志不窮

又是一年春暖花開時，李嘉誠行走在香港街頭，此時的香港對他而言已經不再陌生，這裡的每一條街道幾乎都留下了他的腳印。兩年多的工作，使李嘉誠一家人的生活稍有改善，但他從來不為自己添置一件新衣服。曾經貧窮的歲月，讓他學會了節儉。

17歲的李嘉誠站在維多利亞海港前，伴隨著美麗碧藍的波濤和習習的海風，堅定的做出了離開業績蒸蒸日上的中南錶行的決定，他的下一個落腳點是位於新界調景嶺的一個尚不知名的五金店，他將去那裡做一名真正的推銷員。

人生是由無數的選擇組成的，不同的選擇決定了人們不同的道路。並不是每個人在面臨人生的重大選擇時都能冷靜客觀的選出那條最適合自己的道路。毫無疑問，李嘉誠具備這樣的能力。他的預見性、規劃性和執行力，不僅在當時幫助他跨入更廣闊的天地，也為他後來幾十年的商海生涯做足了準備。

李嘉誠曾說：「面對機遇，一定要冷靜分析，並緊緊抓牢它。」他是這麼說的，也是這麼做的。

李嘉誠的母親和舅父在得知他想要另謀職業的想法時，雖然感到吃驚，但並沒有阻攔。他們知道，李嘉誠不是一個胡鬧的孩子。經過這幾年李嘉誠的行事，他們看出來，李嘉誠是一個辦事有分寸、勤奮肯吃苦，又胸懷大志的人。那個曾為生計奔波的窮孩子，羽翼已日漸豐滿，那麼，讓他飛吧！

李嘉誠想要去五金店做推銷員並不是憑空想出來的。這還要從他幫舅父推銷手錶時的一次偶遇說起。

1945年底的一天，李嘉誠在九龍的半島酒店遇見了一位名字和他僅有一字之差的中年人，此人名叫李嘉茂，是戰前從廣東惠州逃難來港的難民。惠州和潮州兩相毗鄰，十分接近。相同的地域，相同的經歷，使兩人的距離迅速拉近，大有相見恨晚之感。李嘉茂此時的身分是五金廠的推銷員，他推銷的產品是一種鍍鋅小鐵桶。經過一段時間的瞭解，李嘉誠得知李嘉茂還有另外一個身分，他是生產小鐵桶的五金廠的老闆。

身為老闆，李嘉茂親自走上街頭推銷自己的產品，這讓李嘉誠十分欽佩。李嘉茂也為李嘉誠務實質樸的性格所打動。幾次接觸，李嘉茂決定把李嘉誠這位機靈有追求的年輕人「挖」到自己的廠裡來。他帶著李嘉誠來到了調景嶺的廠房，雖然廠房不大，只是兩間簡陋的房間，7位員工，但李嘉茂底氣十足的向李嘉誠講解自己建廠的經過，從身無分文白手起家，到現在還算可觀的利潤，話語間，李嘉茂充滿了自豪感。

李嘉誠徹底被打動了。打動他的不是五金廠可觀的利潤，而是李嘉茂這位大哥奮鬥的經過。他們幾乎同一時間來到香港，那時香港對於他們而言是同樣的陌生。但是短短幾年，李嘉茂憑著自己的才智和努力建立了屬於自己的工廠，而李嘉誠依然靠給別人打工度日。對李嘉誠而言，停滯不前就是落後，這是年輕氣盛的李嘉誠不能允許的。就是在那一刻起，李嘉誠堅定了一定要做一番屬於自己的事業的決心。

就這樣，李嘉誠加入了位於調景嶺的這家小五金廠，成為了一名真正意義上的「行街仔」。

「行街仔」是廣東話裡對推銷員很形象的一種稱呼，是說他們每天不論風雨都要在大街上穿行而過，是一種很辛苦的職業。年輕的李嘉誠不怕辛苦。之前找工作時不斷碰壁練就了李嘉誠的毅力，在春茗茶樓當堂倌時每天十幾個小時的工作量練就了他的腳力。這些看似不沾邊的經歷，都為他成為一名優秀的推銷員奠定了堅實的基礎。

推銷是一門藝術。沒有客戶時要主動尋找客戶，面對不同的客戶和他們各自不同的需求時，又要及時敏銳地捕捉到這種需求。和不同的人打交道成了李嘉誠的又一個課題。這時候，他曾在茶樓學會的察言觀色的本領再一次幫助了他。

李嘉誠生性靦腆，不善言辭。即使在幾十年後的今日，有著斐然成績的他，仍然不是一個滔滔不絕、言辭鋒利的人。他曾在接受《相約東南》欄目專訪時說：「我不能算是一個成功的商人。第一我不喜歡應酬，第二我不說假話。」

他的這種性格，在剛開始推銷五金用品時，讓他很難有業績。李嘉誠知道，做散單業務既累又難有大的收益，必須要設法接到大的訂單。於是他放棄了急於求成的心態，經過他的分析，發現香港的各大酒店是消費小鐵桶的大戶。他把目光盯在了香港君悅大酒店。

大牌酒店向來有固定的進貨管道，和他們合作的單位都是香港知名的五金公司，而李嘉誠任職的五金廠名不見經傳，是雜牌軍。如何讓君悅酒店轉而從李嘉誠手中進貨，成為他的第一個難題。

經過幾番周折，李嘉誠找到了君悅大酒店的老闆，向他推銷自己的小鐵桶。起初，對方對李嘉誠這種自己找上門來的雜牌推銷員不屑一顧，態度十分傲慢。幾句談話後，老闆發現李嘉誠並不像其他推銷員那樣，為了推銷產品一味的卑躬屈膝的吹捧自己，不由得對眼前這位年輕人產生了好感。幾十分鐘的談話下來，老闆發現李嘉誠所推銷的小鐵桶做工精良，幾乎沒有拼接的痕跡，而且價格低廉，僅是他們平時所用鐵桶價格的一半。當即決定，向李嘉誠訂購五百只小鐵桶。

李嘉誠成功了。此後，君悅大酒店的訂單源源不斷，李嘉誠也在此基礎上打通了五金廠和大商戶間的通道。經過半年多的努力，他成為了五金廠推銷員中年齡最小、業績最好的員工。

李嘉誠回憶起自己在五金廠的這段經歷時，這樣說：「我17歲開始做推銷員就更加體會到賺錢的不容易、生活的艱辛了。人家做8個小時，我就做16個小時。7個推銷員中，我年齡最小、經驗最少，但我的推銷成績最好，是第二名成績的7倍。」

人們往往只看到了李嘉誠的成績，卻忽略了這份成績後面的辛酸。李嘉誠用他辛勤的勞動第一次證明了他超凡的能力。在往後的人生大道上，他將越走越寬。

不滿現狀即是進步

孟子曾說過：「天將降大任於斯人也，必先苦其心志，勞其筋骨，餓其體膚，空乏其身，行拂亂其所為，所以動心忍性，曾益其所不能。」大凡能成就大事的人，沒有一帆風順的，要麼是曾經忍饑挨餓、經歷過貧乏的生活；要麼是曾因某事內心受到摧殘、痛苦萬分；要麼是曾經飽受磨難，勞累到四體不支……經歷過磨難的人，尤其是內心受到過煎熬的人，成就大事後，比一般人更懂得珍惜，更懂得成功的來之不易。

從這個角度來講，年輕的李嘉誠是不幸的，他的童年幾乎稱不上幸福，戰亂中流離失所，寄人籬下，沒有了「家」的庇護，少年失學、隨之失怙，貧困交加，甚至三餐不繼；然而，他又是幸運的。在生活的重壓之下，他並沒有被擊垮，憑一己之力，撐起了整個家。他的成功是他用自己勤勞的雙手和堅韌的毅力換來的，值得他向世間任何一個人炫耀。

在五金廠事業處於上升期的李嘉誠，並沒有因為取得了一點小成績就止步不前，在推銷工作中，他接觸到了各種各樣的人和事，他的生活閱歷增加了，同時，眼界也變得更開闊了，他再也不是那個需要低眉順眼站在客人面前沏茶送水的小跑堂，也不是想學手藝而不得的鐘錶店小夥計。李嘉誠的銷售業績始終遠遠高出五金廠的其他銷售員，他的成績不僅使他的收入不斷提高，他在銷售圈的名氣也越來越高。

如果一個人被暫時的成功蒙蔽了雙眼，那麼這個人即使成就再大，終究不會擺脫默默無聞的命運。顯然李嘉誠不是這樣的人，面對在五金廠取得的成績，李嘉誠並沒有滿足。

18歲的年紀正是一個人一生中最意氣風發的時候，此時的李嘉誠有了更遠大的抱負。由於平時不斷關注行業變化，李嘉誠發現，塑膠業已經開始悄悄地佔領市場。這個行業雖然在歐美發達國家也屬於起步階段，但是它迅猛的發展勢頭已經顯露了出來。

有幾次，李嘉誠在推銷五金產品時，都在塑膠製品面前敗下陣來。經過認真總結，他發現之所以失敗，不是因為他的推銷方法有問題，而是敗在了產品本身。塑膠製品有著五金製品所不具備的優勢。就在李嘉誠對塑膠製品產生濃厚興趣的時候，機會再一次出現在了他的面前。

這一天，李嘉誠急匆匆地走進一家英資酒店的大門，一小時前，他得知在昨天剛和他簽定了200只鐵桶訂單的這家酒店，不惜違約也要訂購其他廠家的產品。200只鐵桶對五金廠來說是一筆大生意，他一定要親自前來弄清事情的來龍去脈。來到酒店負責人的辦公室看到眼前正在發生的事，李嘉誠知道，這次的生意算是徹底泡湯了。搶走五金廠生意的，是一家塑膠公司。酒店負責人正在簽定一張訂購塑膠水桶的訂單。

失去一筆大生意的李嘉誠心情沮喪。從酒店出來後他沒有離開，他在等塑膠公司的推銷員，李嘉誠想趁此機會更多的瞭解「塑膠」這個行業。李嘉誠等到的這個人恰是這家塑膠公司的老闆，而這家公司，是目前香港塑膠行業最有名的「萬和塑膠公司」。

萬和塑膠公司，以製作塑膠褲帶起家，短短一年時間，產品類別已從起初單一的塑膠褲帶轉為十幾種新型產品，包括塑膠水壺、塑膠水桶、塑膠板凳、塑膠玩具等等。在萬和塑膠公司的引領下，香港已先後出現了幾十家塑膠公司，他們所生產出的塑膠產品，顏色豔麗奪目，品質輕巧，既美觀又實用，大有取代金屬製品和木製品的趨勢。

萬和塑膠公司的老闆王東山，對李嘉誠早有耳聞，他一直有把李嘉誠請到自己公司的想法，以李嘉誠的銷售能力，如果能到自己公司，對王東山而言，簡直就是如虎添翼。因此，在見到李嘉誠本人時，不用他多問，王東山就把自己對塑膠行業的認識和塑膠業勢不可擋的發展趨勢告訴了李嘉誠，並且說出了他希望高新聘請李嘉誠的想法。

聽到這一切的李嘉誠很興奮，一個有著大好發展前景的新興行業出現在他眼前，年輕的李嘉誠決定跟上行業進步的腳步，感受這個時代嶄新的氣息。

來到萬和塑膠公司後，老闆王東山對李嘉誠非常器重，除了給他高出原來兩倍的薪水外，還將公司原有的八員銷售大將全部交給李嘉誠直接指揮，讓初到公司的李嘉誠做銷售經理。王東山看中的是李嘉誠卓越的銷售能力，踏實進取的人品，還有他對行業前景的遠見。

萬和塑膠公司的生產規模比五金廠大得多。李嘉誠看著新式的生產機器，知道自己必須從頭學起。面對這個剛剛接觸的行業，李嘉誠明白自己還是門外漢，雖然他的職位是銷售經理，但他毫不掩飾自己的缺點。在來公司的最初幾天，他跟著有經驗的銷售員跑市場學經驗，不斷學習新知識充實自己。一段時間下來，李嘉誠的業務水準得到了提高，加上他為人謙虛樸實，同事們都對這個公司最年輕的小夥子充滿了好感。

不知不覺，李嘉誠來到萬和塑膠公司已經有兩個月的時間了，這段時間他還沒有獨立銷售過公司的產品，現在，是時候證明自己的銷售水準了。李嘉誠依然把目光鎖定在大型酒店。和往常一樣，酒店負責人在知道他推銷員的身分後，依然是不屑一顧的表情，對方的這種態度，做了好幾年推銷員的李嘉誠已經習以為常了。他決定再一次讓產品自己說話。

李嘉誠隨身攜帶的除了萬和公司的塑膠灑水壺外，還有一把鐵質的灑水壺，他一面把兩種灑水壺都接滿水，一面解說著它們各自的特點。他的這種獨創的邊做實驗邊推銷的方法引起了酒店負責人的注意。的確，塑膠灑水壺重量更輕、使用更方便、清潔也更容易，除了產品本身的這些不可取代的優點外，更吸引酒店負責人的是塑膠製品的價格優勢。一個小時後，李嘉誠的第一筆塑膠訂單到手了。

摸出門道的李嘉誠如法砲製，幾乎每次洽談新的業務，他都使用兩相對比的方法，讓客戶更直接地看到塑膠製品的優點，事實證明，這種方法命中率極高。他的銷售業績遙遙領先，到月底分紅時，他的工資總是高出別的推銷員數倍，同事們佩服得五體投地。

兩年後，李嘉誠榮升為萬和塑膠公司的總經理，協助王東山管理公司的日常事務。得到老闆賞識的李嘉誠工作更努力，雖然此時的他在公司裡的職位已經很高，但他仍保持著每天工作16個小時的習慣，抓生產、促銷售，每天忙得不亦樂乎。

2009年，李嘉誠接受香港《明報》採訪談到這一時期的自己時說：「我表面謙虛，實則內心很驕傲，別人眼裡優越的現狀，對我仍是不滿足。我把其他人用來喝酒打牌的時間都用在了學習上，所以，在別人停滯不前時，我都在進步的。」

剛滿20歲的年紀，就能做到公司總經理的位置，成為不折不扣的「高級打工仔」，在別人眼裡已經是十分榮耀的事情，然而，李嘉誠不安分的心裡，又有了新的計畫，一個讓他的人生軌跡出現重大轉折的計畫……

顛覆與引領

李嘉誠是個勤奮的人，也是個有責任心的人。他14歲初入社會，做的是最底層的工作，那是被生活所迫，每天十幾個小時的長時間工作，每個月的報酬只有二十塊錢，他不嫌工錢少，不嫌工作累。二十塊錢對於他們一家的生活是至關重要的。那時候的他一無技術，二無經驗，只能靠著自己的力氣賺錢養家，他別無選擇。

8年後的李嘉誠22歲，身為萬和塑膠公司的總經理，生活狀態已經完全改善，他依靠著自己聰明的頭腦，不僅能夠讓一家人吃飽穿暖，還有能力資助三個弟妹讀書。每個月發的薪水，他只留下極少的一部分用做日常開銷，其餘的錢一分不少交給母親保管。小時候貧窮的生活，總像影子一樣跟隨著李嘉誠，讓他絲毫不敢停下前進的腳步。這個影子還要再跟隨他許多年，才會讓他不再為生活的拮据感到害怕。

20世紀90年代，李嘉誠接受香港電臺訪問時說：「『興趣是最好的老師』我認為不是。面對饑寒交迫的生活時，生存才是最好的老師。」可以說，李嘉誠成功的起點，很大程度的原因是為了生存——這種人類最原始的欲望。

俗話說：師傅領進門，修行靠個人。李嘉誠這個對塑膠一竅不通的人被王東山帶入這個行業後，從推銷經理一路升到總經理的位置，他對王東山懷有極深的感激之情。雖然李嘉誠知道，如果沒有王東山，他還是會步入塑膠行業，但是不一定會取得今天的成就。在萬和塑膠公司，李嘉誠從銷售做起，經過四年的打拚，如今的他已經全面瞭解了塑膠這個行業。這是他從小小的行街仔到公司管理者的轉變。正是這四年，讓李嘉誠確立了自己事業的發展方向。

李嘉誠曾說：「我在工作時有一個法寶，能夠讓我的十分努力獲得十二分的收穫，這就是把所有和工作有關的方面都記下來，現在看來沒有用的資訊，將來會派上用場，那時候就會覺得輕鬆。」這句話，是他從實際工作中得出的金科玉律。

李嘉誠身為萬和塑膠公司的總經理，工作職責是全面管理公司事務，是真正的管理階層。然而，有著公司管理者身分的他，經常做著工人們的工作。他常在工廠和工人一起操作機器，小到產品的選料、機器的維修，大到分析產品走向、市場調研。李嘉誠似乎不知道什麼是疲憊。在他的影響下，公司上下洋溢著活力與喜悅的氣氛。經過幾年的不懈努力，萬和塑膠公司在香港300多家塑膠廠中，始終保持著「龍頭老大」的地位。

有一次，李嘉誠站在操作臺前分割塑膠材料，一不小心割破了手指，鮮血直流。性格倔強的李嘉誠一聲不吭，咬咬牙，自己暗地裡迅速纏上膠布，又繼續操作。直到一天後傷口嚴重發炎，他這才到診所去看醫生，幸好沒有因此落下後遺症。

多年後，一位英國記者向李嘉誠提及此事，幽默地說：「你的經驗，是以血的代價換得的。」李嘉誠微笑道：「大概不好這麼說，那都是我願做的事，只要你願做某件事情，就不會在乎其他的。」

李嘉誠有一本自己專屬的工作筆記，裡面詳盡的記載著塑膠產品在國際國內的產銷情況，哪種商品走俏，哪種商品滯銷，各種塑膠原材料的價格對比以及不同的加工工藝，甚至還有他自己手繪的香港區域圖，在這張區域圖上，他把香港分割為幾個部分，哪種產品在哪個區域銷量最好，銷量的預算值是多少，他都一清二楚。這讓他在做任何決策前，都能夠胸有成竹，心中有數。

事實上李嘉誠之所以事無巨細的都記錄在筆記本上，他有自己的考量。

當時正值中國大陸剛剛成立，百廢待興，香港經濟也逐漸擺脫了低迷期，開始隨著世界經濟的飛速發展慢慢復甦。大批的內地人口湧入香港，香港人口激增，轉眼便接近了200萬。而當時港府制定出的新的產業政策，也使香港經濟轉型至加工貿易型。這毫無疑問給香港帶來大量的資金、技術、勞力。

李嘉誠看到了香港的社會變化，加上他對塑膠行業的洞察力，做出了他人生中最重要的決定——創建一家屬於自己的塑膠廠。

自從有了自己創業的打算後，他更加留心行業形勢，把能想到的問題和解決方案都記錄下來，做足了準備。

李嘉誠工作了八個年頭，這八年裡辭職也不止一兩次，但這次辭職讓他遲遲開不了口。王東山待他不薄，他對萬和塑膠公司也有極深的感情。這一次要怎麼向老闆開口呢？李嘉誠猶豫了大半個月，還是找不到合適的機會和王東山提及辭職一事。

睿智的王東山看出了李嘉誠有心事，特意找他談話。當年輕的李嘉誠藉機說出自己想單獨創業的打算時，王東山雖然早有心理準備但還是吃了一驚，他沒想到眼前的這個年輕人有著這麼深遠的抱負，尤其是他聽完李嘉誠對香港時局和行業發展的看法時，更是出乎意料。看不出平時總是溫文爾雅、笑容滿面的李嘉誠居然對時局有著如此清晰的認識。

王東山知道，自己的公司終究是留不住李嘉誠的。他同意了李嘉誠的辭職請求，還特意約李嘉誠來到酒樓，一為感謝李嘉誠這幾年為萬和塑膠公司做出的貢獻，二是為李嘉誠的辭工餞行。

王東山的行為令李嘉誠十分感動。宴席中，他坦白地對王東山說自己創辦塑膠廠，難免會用到在萬和塑膠公司學到的技術，但是絕不會拉走老東家的任何一個客戶，自己會重新打開一條銷售路線。李嘉誠是這麼說的，後來的他也是這麼做的。

1950年，李嘉誠22歲。這一年，他將親手為自己的人生翻開嶄新的一頁。

第四章　不捐細流的長江

最初的起點

2014年3月4日，《富比士》雜誌再一次發佈了全球億萬富翁排行榜的榜單，李嘉誠排名全球第20位，同時以310億美元的身家繼續穩坐華人富豪首位的寶座，自1999年李嘉誠被富比士評為「全球華人首富」以來，這已是他第15個年頭蟬聯這一位置了。

據報導稱，全球億萬富翁大約有三分之二靠白手起家。李嘉誠就是這三分之二裡的其中一位。他的事業起家於兩間破敗的廠房，如今他的商業版圖遍佈全球五十多個國家和地區，他的資金也從最初的五萬港元增長到三百多億美元。這其中巨大的變化讓人驚歎，李嘉誠的商業才能一次又一次的被世人認可。他也被譽為華人商界的「超人」。

我們都知道，毛毛蟲變成擁有美麗翅膀的蝴蝶，要經過極其艱難痛苦的蛻變過程。李嘉誠的創業過程就像破繭的蝴蝶一樣，是伴隨著艱辛開始的。

1950年夏天，李嘉誠正式開始創業。這一年，他22歲。

從萬和塑膠公司辭職，放棄高薪穩定的生活，李嘉誠的心裡並不是沒有顧慮。他知道創業的風險很大，自己手裡雖然已有一些存款，但對於創建一個工廠而言，還遠遠不夠。為了心中的理想和讓家人過上更優越生活的美好願望，他再一次心甘情願的扛起了所有的壓力。

李嘉誠始終記得在潮州老家的大門上有一幅父親手書的對聯：「將相本無種，男兒當自強。」在這幾年的打工生涯裡，每當他遇到困難，這兩句話總是能給他勇氣。「男兒當自強」，說得多好。李嘉誠知道如果不繼續大踏步的向前進，而是安於現狀的話，自己終將流於平庸。不要退路，擔起風險，生性倔強堅韌的李嘉誠駕駛著屬於他自己的航船，揚起了風帆。

在這個夏天，李嘉誠幾乎跑遍了整個香港島，最終把廠址選定在了筲箕灣。筲箕灣，位於香港島的北岸之東，地理位置十分偏僻。起初是作為漁村被香港政府整頓開發出來的，這裡人口並不多。但隨著內地人口大量進入香港，這個偏安一隅的小漁村，也開始出現了一些小型工廠，漸漸顯出了工業氣象。李嘉誠就是在這裡，找到了他「中意」的廠房，一處廢棄的備用倉庫。

創業之初的李嘉誠手裡僅有五萬港幣。一部分是他工作這幾年家裡省吃儉用積攢下來的，還有一小部分是向親朋好友籌借來的。為了創辦自己的工廠，他再次變成了那個一窮二白沒有餘錢又身背債務的窮小子。所以，李嘉誠對這五萬元啟動資金用得格外仔細。

廠房地處偏遠，房屋設施極差，李嘉誠之所以選擇這裡，僅僅是因為租金便宜。選好廠址後李嘉誠要做的第一件事，是修繕廠房。香港的夏季多雨，每逢下雨，廠房四處漏水，窗戶也常被海風吹得搖搖欲墜。李嘉誠捲起袖管，當起了泥瓦工人。廠房修好後，他又購買了一批當時歐美淘汰下來的第一代塑膠設備，隨後他招收了為數不多的幾個筲箕灣附近的村民當工人，李嘉誠的塑膠廠準備就緒了。

李嘉誠給自己的工廠取名為「長江塑膠廠」。他之所以給工廠取名「長江」，是取長江不捐細流，故能浩蕩千里之意。長江作為亞洲第一大河，其源頭僅是涓涓細流，東流之境，不論是多麼細小的支流，都被容納其中，最終匯成汪洋之勢。李嘉誠就是希望自己的塑膠廠能夠像長江一樣從小到大，一路浩蕩奔流，不斷發展壯大成為中國乃至世界矚目的大企業。從這裡，也可以看出李嘉誠的遠大抱負。

未來長江廠的發展狀況表明，李嘉誠確實做到了如他所希望的那樣，將一個處於偏僻之地的狹小廠區發展成了香港塑膠業的領軍企業，而他自己也成為了香港塑膠業的泰斗人物。

長江塑膠廠初建時，由於廠裡的工人都是當地的漁民，從來沒有進過工廠，他們對如何操作設備、如何生產產品一概不知，可以說全廠十幾個工人個個都是門外漢。廠裡唯一一個懂得操作設備的就是李嘉誠本人。他開始加班加點的工作，組裝機器，調試設備，手把手的教工人如何操作。這時候，他在萬和塑膠公司學到的本領全都派上了用場。

李嘉誠的創業資金有限，所以他做任何事都是精打細算。外出時從不坐計程車，近距離的地方他靠步行，遠距離的地方則是坐公共巴士。他的伙食每餐都和工人們一樣，是大眾餐，從不輕易浪費一分錢。

李嘉誠在萬和塑膠公司的時候，已經掌握了二十多種塑膠產品的生產技術，他經過分析，把長江塑膠廠的主打產品定位為塑膠玩具，因為玩具這種商品更新快，銷量大，每個家庭不會只有幾種，這比其他的塑膠日用品類更好打開銷量。他還記得自己離開萬和塑膠公司時對王東山的承諾，不會拉走原來的客戶。於是，他白天和工人們一起工作，晚上還要設計圖樣。那段時間，李嘉誠全身心的投入到了長江廠的建設中。

李嘉誠在長江廠建成後，仍然不忘老朋友。他在調研市場的時候發現了一個新的商機，這個新發現讓他興奮不已。但這個商機他沒有留給自己，而是特意去了趟曾經任職過的李嘉茂的五金廠。

見到李嘉茂後，他對李嘉茂分析了現在五金行業的發展狀態，五金製品被塑膠品取代已經成為了不爭的事實。李嘉茂也坦言，自己的五金廠現在已經入不敷出，走到了倒閉的邊緣。李嘉誠興奮的把他的新發現說了出來：「這段時間我發現市場上鐵鎖緊缺，這種產品是塑膠品無法取代的，你何不試試製造新產品，將五金日用品轉型呢？這也許是一條新的出路。」

李嘉誠的一席話幫李嘉茂打開了思路，隨後的幾天他親自調查市場，發現真的如李嘉誠所說，市場上的鐵鎖少之又少，其他的五金廠也像他的工廠一樣，一門心思想著怎麼減少自己的損失，而沒有想到用創新產品來重新佔領市場。回到工廠的李嘉茂馬上付諸行動，開始了鐵鎖的生產，隨後他又開發出了彈簧鎖、保險鎖等一連串具有高技術含量的鎖製品，讓他的工廠在香港的鐵鎖領域佔據了絕對優勢。這一方法讓他重新贏得了成功，他不得不佩服李嘉誠的商業頭腦和他的純樸為人。

一個人在創業過程中，在不影響其他人的情況下，多為自己考慮，本也無可厚非，但如果能在為自己看路的同時，也考慮到朋友們的需求，急旁人之所急，那麼，這個人的道路必然會越走越寬。李嘉誠就是這樣，他用自己的聰明才智和人格魅力，為自己一次次贏得了財富和人脈，得到了世人的尊重。直到今天，凡是跟他接觸過的人，無不讚嘆他磊落的人品。

學無止境

已86歲的李嘉誠，每天的時間仍然被工作排得滿滿的。伴隨著早晨5：59分的鬧鐘，準時起床，隨後會打一個半小時的高爾夫球，既是鍛鍊，也是放鬆。在驅車前往球場的這段時間，他會準時收聽電臺的晨間新聞，關注世界大事以及最新的股市變動。

隨後，他會來到辦公室，在他的辦公桌上已經擺好了一份當天的全球新聞列表。這是李嘉誠十幾年來一直堅持的習慣。為此，他專門設立了一個四人小組來負責這項工作。這份新聞列表是全球各大知名媒體當天的新聞標題，他會仔細流覽標題，選擇需要的文章，再讓工作人員翻譯出來細讀。李嘉誠解釋說，這份列表他之所以只看標題不看摘要，是不想被別人的論點誤導，還有更重要的一點，他要每天及時把握世界最新的新聞資訊，這樣才不會被時代淘汰。

接受新知識，是李嘉誠堅持不懈的事情。

一個人學習能力的強弱，直接決定了這個人會有多大的發展前途。求知欲，從某種程度上講，主導著一個人的恆心、毅力，甚至洞察力。很顯然，李嘉誠是一個好學的人。

早在他初來香港的時候，就努力學習語言，依靠自學過了英語關。他從一個連ABC都分不清的人，到能完全無障礙的用英語交流、閱讀英文書刊，這其中包含了他多少的努力。因家庭原因輟學後，仍然堅持學習，用別人廢棄的舊教材學完了整個中學的課程。李嘉誠對知識的渴求從來沒有停歇。直到現在，他仍然堅持每天學習。

長江塑膠廠成立之初，條件很艱苦。李嘉誠沒有錢聘請專業的技術人員，經常是他一個人身兼數職。既要做設計，又要管財務；既要調設備，又要抓生產，還有後勤、市場等多個方面。可以說，全廠的工作沒有他不能做的。每天要連續工作二十個小時，有時候甚至徹夜不眠。

他從早忙到晚，沒有停歇的時候。為了增強自身的競爭力，在工作之餘，李嘉誠從不間斷學習。他仍像過去一樣，每天給自己預留兩個小時的時間用於自修。除了研究世界最新的塑膠資訊，包括原料、設備、產品款式等方面，他還自學了做帳。

他購買了大量關於財會方面的書籍，一面學習一面詳細的做筆記，再在每天的工作中，將新學到的知識運用到工作中，如果出現了新的問題，再翻開書籍，自己尋找解決的方法。對於做帳，李嘉誠沒有經驗。以前在萬和塑膠公司時，有專門的審計人員。但在長江廠，他必須親力親為，從頭學起。

為了更快更好的掌握財會方面的相關知識，李嘉誠特意請教了舅父。舅父莊靜庵也是從小夥計做起，後來開起了自己的鐘錶行，一切都是依靠自學。李嘉誠知道，在舅父的指點下，他能更快的學到財務經驗。莊靜庵看到李嘉誠今天的成就，很為他感到高興，將自己的經驗傾囊相授，除了教授他許多做帳的知識外，還講了許多作為一個公司的管理者應該考慮的問題。得到了舅父的幫助，李嘉誠迅速的成長了起來。

李嘉誠面對長江廠初建時的困難，絲毫不感到畏懼。他似乎天生具有超強的精力。儘管常忙碌到時間不夠用，卻從沒有人見過他面有倦容。他總是以最飽滿的精神狀態出現在工作崗位上。

李嘉誠曾對兒子李澤鉅說：「我那時候恨不得每天有三十個小時才夠用。我並沒有什麼地方比別人強，只不過我比別人更吃苦、更努力。」李嘉誠的辛苦可見一斑。

香港《星島經濟縱橫》曾撰文說：「李嘉誠發跡的經過，其實是一個典型青年奮鬥成功的勵志故事。一個年輕小夥子，赤手空拳，憑著一股幹勁勤奮好學，刻苦勤勞，創立出自己的事業王國。他常言『追求理想是驅使人不斷努力的最主要因素』。」

的確，李嘉誠之所以顯現出超人的意志，除了他以前打工時的磨練和累積外，還有他的遠大抱負對他的激勵。理想對一個人固然重要，但更重要的是在實現理想的過程中，堅忍不拔的毅力和面對困難時克服困難的決心。只有在理想的召喚下，堅持向前的人，才會最終到達理想的彼岸。很明顯，李嘉誠便是這樣的人。

第一桶金

在李嘉誠的書房中存放著一把被他視為珍寶的淺綠色塑膠玩具水槍，直徑不足20釐米，樣式已經不夠新穎，但設計精細，準星、扳機一應俱全。半個世紀過去了，如果在水槍裡裝滿水，仍能發射出細細的水柱。李嘉誠時常把它拿出來把玩。

這把帶著時代印記的玩具水槍，便是李嘉誠的長江塑膠廠獨立生產出的第一個產品。它對李嘉誠而言，具有太多太重的意義。現在的李嘉誠總資產已達天文數字，他仍不忘過去那些艱苦的歲月。回憶，既苦，且美。

古語有云：「不積跬步，無以至千里；不積小流，無以成江海。」李嘉誠的長江塑膠廠在經過兩個多月的緊張籌建後，正式投入生產。

李嘉誠把第一批產品定位為塑膠玩具水槍，他經過長時間市場調查，發現玩具水槍有著廣泛的市場，不僅男孩子喜歡玩，很多女孩子甚至大人都喜歡，它比其他玩具有更小的局限性。設計模型圖時，李嘉誠參考了市場上大量同類玩具，他希望自己設計出來的水槍能綜合其他產品的優勢，並且做得更逼真。

李嘉誠成功了。當看到第一把塑膠玩具水槍在壓縮機中成型時，全廠上下情緒都沸騰了，員工們歡呼雀躍，大家兩個多月來的辛勤勞動終於見到了成果。對李嘉誠而言，這是一個完美的開始，他看到了一片更廣闊的天地等著他繼續開發；對於李嘉誠的員工而言，是一個從漁民到技術人員身分的轉變。

那一天，一向節儉的李嘉誠決定破例奢侈一回，他在一家酒店訂了兩桌酒宴，帶著全廠的工人們一起慶祝長江塑膠廠的這一歷史時刻。舉著酒杯的李嘉誠略微顯得有些激動，他說：「很感謝大家在這段時間裡的辛苦勞動和對我的信任，我一定會再接再厲，更努力的工作，讓咱們的長江塑膠廠就像『長江』這個名字一樣，從涓涓細流開始，直至奔騰萬里！」

產品試驗成功後，李嘉誠開始批量生產。對接下來的銷售工作，他更有信心。經過前幾年銷售工作的打磨，李嘉誠的銷售能力已經被業界廣泛認可，他自己也摸索出了一條有效的銷售途徑。以前都是在替別人打工，這一次，李嘉誠要為自己打工。

李嘉誠再次當起了「行街仔」。他背著自己工廠生產出來的樣品，帶著幾個推銷員，走在已經走過無數遍的香港街頭，雖然辛苦，內心卻是有幾分自豪的。為了遵守自己對萬和塑膠公司的承諾，李嘉誠這次選擇銷售路線時，刻意避開了以前在萬和公司任職時結識的商戶，不去搶佔萬和塑膠公司原有的市場。

由於李嘉誠精通銷售之道和誠懇務實的銷售作風，沒幾天工夫，就接到了屬於自己的訂單。雖然對方訂貨數量有限，但這對長江塑膠廠而言，無疑是個好消息。一兩次成功售出自己的產品後，經過了銷售的過渡期，李嘉誠拿到手的訂單數量越來越多。加上李嘉誠本人的人格魅力，很多批發或零售的商戶，都願意和李嘉誠打交道，一傳十、十傳百，李嘉誠的長江塑膠廠漸漸小有名氣。

隨後，李嘉誠擴大了生產規模，又一步步地設計生產出了玩具汽車、玩具餐具、玩具動物等一連串塑膠產品，經他手設計出來的產品，款式新穎，形象逼真，在很短時間內，打出了一片新的市場。

就這樣，李嘉誠憑著自己辛勤的勞動和對市場的敏銳觸覺，賺得了自己的第一桶金！

隨著長江塑膠廠生產規模的不斷擴大，李嘉誠又在新蒲崗租了一間破舊的小閣樓作為另一處工作地點。這座小閣樓一共兩層，稍作整理後，李嘉誠把一樓當作長江塑膠廠的成品倉庫，二樓當作他的臨時住所和辦公室。那段時間，他一個星期只回一次家看望母親和正在上學的弟妹，每次回家的時間只有短暫的幾個小時，只來得及陪家人吃頓家常飯。其餘時間他幾乎整個人都埋進了工作裡，工廠和辦公室兩頭跑。

工作很累，幾個月下來，李嘉誠變得比以前更瘦了，但精神狀態卻似乎更好。有很多事情等著他親自去處理，在他行色匆匆的腳步裡，是對未來生活更美好的憧憬。快節奏的生活，讓李嘉誠不得不練就快速的步伐。如今已八十多歲的他，仍然保存著這樣的行走習慣。

2005年，李嘉誠在他投資興建的汕頭大學考察時，上樓穿堂，步履矯健快速，陪同他的中年教師都氣喘吁吁，頗感吃力，李嘉誠一連上幾層樓仍氣息平穩。這無疑是他早期創業時練就的本領。

等到長江廠前幾批產品的貨款全部結清時，李嘉誠手裡的資金漸漸充裕了起來。為了使自己的長江塑膠廠更像一個正規的工廠，他聘請了更專業的推銷員、技術員、會計、審計員、採購員、倉庫管理員。他自己則把重心轉移到了市場的整體推廣和開發新產品上。為了驗證創業前期自學的財會知識，李嘉誠特意把自己做得帳目拿給專業審計員看，審計員看過後說李嘉誠做得很好，完全可以直接上報給政府了。得到認可的李嘉誠信心更足了。

李嘉誠的成功是不是有固定的模式，可以讓今天的創業者借鑑？這個問題自他成功之日起，就一直被人們不斷的討論著。

2012年李嘉誠在深圳大學演講時曾被問到，作為一個初期創業者應該具備什麼樣的素質？李嘉誠誠懇的回答說：「一要勤，不要怕辛苦，勤做事、勤思考，這樣才能少走彎路；二要儉，要會賺錢，也要能守得住錢。」

李嘉誠創業初期，除了辛苦之外，似乎沒有遇到更多阻礙他的困難。他覺得只要按著現在的模式走下去，一定會一步比一步順利。李嘉誠沒想到的是，除了美好的明天在向他招手外，不久後的一場巨大災難也正在前方等著他。

死亡與重生

《道德經》有云：「禍兮，福之所倚；福兮，禍之所伏。」這句話李嘉誠在還讀小學時就已經能背出來了，但那時候的他顯然不能明白這其中蘊含著的道理。很多事情，只有自己真正經歷過，才能洞悉其中的奧秘。人生無常喜，亦無常悲；事無常順，亦無常逆。

事業處於起步階段的李嘉誠，每天忙著收訂單，擴大生產。不斷增加的訂單數量，意味著長江塑膠廠的收益越來越好。李嘉誠算了一筆帳，只要一口氣將手裡現有的一百多筆訂單趕製交貨，自己投資建廠的五萬元港幣就能全部回本。也就是說他只需要用半年時間就能順利收回本金，接下來賺的錢就都是數目可觀的利潤了。

李嘉誠是一個有很強責任心的人。投資建廠時向親朋好友籌借來的款項，無時無刻不在提醒著他要加快賺錢的腳步，以償還債務。少時家貧欠債的陰影還在他心裡纏繞著，他必須鞭策自己快一點，再快一點。

看著與自己合作的訂單不停的飛過來，為了趕在工期結束前能順利交貨，李嘉誠招聘了一批新的工人，經過簡單的操作培訓後，就讓他們單獨上場了。李嘉誠決定採用全廠工人三班工作制，人停機器不停，加班的趕工，日夜出貨。

表面來看，長江塑膠廠的經營情況一片大好。產品在還沒有生產前就已拿到訂單，很多訂貨商先行付了預付款。廠裡可以用這些預付的款項購進原料，這直接解決了李嘉誠開工廠前期資金不足的問題。全廠上下一片歡騰的氣氛，所有人幹勁沖天。

然而，看起來蒸蒸日上、生機勃勃的長江塑膠廠此時卻暗含危機。江河裡的暗礁正在前方水域等著長江塑膠廠這艘起航不久的小船撞上去。一旦觸礁，很有可能讓「長江牌小貨輪」全船沉沒，船毀人亡。而此時，掌舵的李嘉誠並未看到危機，他仍然開足馬力，全速前進。

一天中午，驕陽似火。李嘉誠手下一名推銷員大汗淋漓的跑回廠裡，找到正蹲在機器旁協助修理機器的李嘉誠，上氣不接下氣的告訴他一個異常緊急的消息：三天前剛銷售出去的500個玩具汽車，訂貨商要求全部退貨！理由是，這批產品有嚴重的品質問題，幾乎都是瑕疵品。聽到這個消息的李嘉誠簡直不能相信自己的耳朵，他從推銷員手中接過退回的玩具汽車，發現果真如他說的那樣，品質不過關。

隨後，李嘉誠和推銷員一起來到要求退貨的客戶的倉庫中，發現那500個玩具一樣不少的堆在角落裡。這批產品從投入生產到出廠，這是李嘉誠第一次認真的審視它們，沒想到品質差到連他自己都看不下去。

「李先生，我們合作不止一次了，我十分信賴你們長江廠的產品，也敬重你的為人，幾筆訂單都不少於500個，也不能算是小數目了。因為相信你們，以至於沒有驗貨。真沒想到你們竟然以次充好，拿著這樣的貨色來交貨！給我們公司造成的損失，你們賠得起嗎？」

面對訂貨商的大聲指責，李嘉誠不住的道歉，並答應全額賠償。回到廠裡的李嘉誠檢查了正在生產的所有產品，只有兩臺機器生產出的產品合格，其他四臺機器生產的產品都存在嚴重的品質缺陷。李嘉誠這時才發覺事態的嚴重。他當即表示要追回已經售出的商品，想主動解決問題。還沒等到他付出行動，幾個客戶已經陸續來到他廠裡要求退貨。

李嘉誠的客戶大部分是批發商，他們訂購長江塑膠廠的產品後，再轉手賣給零售商。這次收到長江廠出售的品質低劣的產品，讓他們各自的經濟和信譽都受到不同程度的損失。接連幾天，來到李嘉誠面前投訴和索賠的客戶越來越多。很多還沒有收到貨品的客戶聽說長江廠出售殘次品的消息，也紛紛要求取消訂單，收回預付款。原料供應商也開始上門催討剩餘的費用。

從紅紅火火的生意一下子變成各方上門指責索賠的局面，這一切來得太過突然，讓李嘉誠措手不及。幾天之內，他把手裡所有的資金都賠了出去，但還遠遠不夠。在塑膠行業打拚了幾年的李嘉誠並不是沒有遇見過品質問題，這對大公司而言，不過像一陣風颳落幾片樹葉，而對於李嘉誠，這陣風足以將長江塑膠廠這棵剛剛長成的小樹連根拔起！

所有訂單全部被收回，生產出的產品堆在倉庫無人問津，聽到風聲的銀行這時候也派人來催還貸款，並聲稱如果到期不還，將扣押李嘉誠用於抵押的倉庫和廠房。這個消息對李嘉誠無疑是雪上加霜。只要工廠還在，他就有翻身的機會，一旦廠房被銀行收走，一切都無從談起了。

連日來被退貨賠款困擾的李嘉誠疲憊不堪，目前的境況讓他感到心力交瘁，萬念俱灰。李嘉誠在這次危機中真正體會到了做老闆的難處。除非出現奇蹟，否則，他辛苦創建的長江塑膠廠的失敗已成定局。可是，奇蹟，會出現嗎？

拖著疲憊身體的李嘉誠回到家中看望母親和弟妹，雖然他極力掩飾自己的困頓和失意，但這一切怎能瞞得過母親的眼睛。在得知李嘉誠的生意出現狀況後，莊碧琴對李嘉誠說：「阿誠，你知道你父親為什麼給你取名『誠』字嗎？就是希望不管你在為人還是處事方面都能是真心、誠懇的。做生意千萬不能馬虎，要對得起良心，對得起別人。如果你去買東西，花同樣的錢你會選擇品質不好的產品嗎？」

母親幾句平實的話語觸動了李嘉誠浮躁的心，他靜下心來分析自己為什麼會遭遇危機。在前期業務順利開展後，急功近利，只顧一味趕進度，忽視了員工素質低、機器設備落後等客觀存在的問題，可以說，長江塑膠廠這次面臨的險境完全是因為李嘉誠個人的失誤造成的。

李嘉誠鎮定了下來，他不再等待奇蹟的出現，而是要自己創造奇蹟，讓長江塑膠廠起死回生！

第五章 在低谷中堅守

復甦的春天

犯了錯誤並不可怕，可怕的是沒有承擔錯誤的勇氣和改正錯誤的信心。一個人人生經驗的取得，很多時候是從失敗和錯誤中總結出來的。錯誤本身不能使人進步，但是，肯從錯誤中汲取教訓，這樣的人一定是謙虛和有度量的。李嘉誠就是這樣的人。

20世紀90年代，李嘉誠在接受香港記者採訪時說：「人們過譽我是『超人』，其實我並非天生就是優秀的經營者。到現在只敢說經營得還可以，我是經歷過許多挫折和磨難，才悟出一些經營的要訣的。」

長江塑膠廠這一次的退貨危機，對李嘉誠衝擊很大。不僅是對工廠效益的衝擊，更重要的是對他本人信譽的衝擊。處在商海中的李嘉誠自然知道信譽對於一個商人和他的工廠意味著什麼。如何重新獲取合作者的信任，成為他必須要思考和解決的問題。思前想後，他決定還是得用產品說話。

長江塑膠廠已經被迫全面停產，李嘉誠手裡沒有一分多餘的錢不說，還有大量的賠款沒辦法支付。雖然廠裡還有兩臺能正常生產的機器，但是沒有錢購買原材料。可以說，此時的李嘉誠，即便是想要重新開始，也是「巧婦難為無米之炊」。

為了最低限度的減少損失，李嘉誠不得不辭退了一批工人。但在辭退前，李嘉誠鄭重的向大家保證，只要長江塑膠廠度過了這次危機，他一定會再請大家回來，他不會忘記要帶領大家一同致富的初衷，絕不會為了保全自己而虧待這些和他共患難的兄弟們。

在接下來的幾天裡，李嘉誠重新拜訪了每一位客戶，再次鄭重的向大家道歉，請求大家的原諒，希望大家能放寬他還款的期限，並保證只要他李嘉誠人還在，絕不會賴帳，即便他再次去給別人打工，也一定會把欠款還清。

從商的人很少有人沒有經歷過經營上的危機，大家將心比心，再加上李嘉誠誠懇的態度，大多數客戶都適當延遲了他的還款期限。得到大家諒解的李嘉誠，心裡寬慰了許多。

銀行雖然財大氣粗，但終究不是私人財產，不是一個人說了就能算的。銀行負責人對李嘉誠表示，如果能找到肯為長江塑膠廠做擔保的大型公司，可以放寬還貸期限。銀行放鬆了要求，但是，以長江塑膠廠現在的經營情況，有哪家公司會為他做擔保呢。一旦李嘉誠喪失償還能力，無法履行合約，他所有的債務都將轉嫁到擔保人的身上，為此時的長江廠做擔保，風險太大了。

就在李嘉誠為擔保人大傷腦筋的時候，舅父莊靜庵來到了李嘉誠的工廠。看著眼前這個因事業受挫而變得瘦弱憔悴的外甥，一向要求嚴格的舅父也不免心疼了起來。莊靜庵拿出一張經他簽過字的文書遞到李嘉誠的手裡，對他說：「阿誠，這是我跟銀行簽署的擔保協定。你的能力和抱負，我是瞭解的。我相信你一定會度過這次的危機。從小到大，你一直是踏實肯幹的好孩子。我雖然不懂塑膠行業，但是我相信你有能力讓長江廠起死回生。」

聽完舅父的一番話，李嘉誠流淚了。不僅是感動的淚水，也是悔恨的淚水。他在心裡暗暗發誓，一定會讓舅父看到一個嶄新的阿誠！

還款期限的問題都解決了，接下來，李嘉誠開始著手清理積壓的產品，解決品質問題。他帶領所剩不多的幾個工人，分頭行動，加班分揀產品，把合格的產品和不合格的分離開來。隨後，先行將全部合格品低價賠償給一部分客戶。剩下的大部分瑕疵品，則低價賣給舊貨市場。這樣，收回了一部分資金，雖然數目很少，但能夠讓他購買一小部分原材料，進行再加工。

李嘉誠和技術員一起，大力搶修生產設備。長江塑膠廠建廠之初購進的這批機器，都是歐美國家淘汰下來的，要維修，就需要撤換一些零件。李嘉誠的現狀只允許他修好其中的兩臺，再加上原有的兩臺完好設備，一共四臺機器能保證再次生產出的產品品質過關，四臺總比沒有好。一切就緒後，長江塑膠廠又響起了機器的轟隆聲。

這一次，李嘉誠不敢貪快了。他一刻不停的守在設備前，細心的檢查每一個生產環節，他必須確保這批產品的合格率達到百分之百。「皇天不負苦心人」，看到這批品質上乘的產品成型時，李嘉誠心裡五味雜陳，比第一次看到長江廠生產出的產品還要激動。

被暫時辭退的工人們又被李嘉誠請回來工作了，並補發了這部分工人離廠期間的工資。這一舉動令所有員工打從心底對這位老闆充滿了感激和敬佩之情，大家的工作熱情比以前更高了。長江塑膠廠恢復了往日的勃勃生機，雖然規模比不上以前，但李嘉誠心裡感到很踏實。

他拿著新產品挨家挨戶的上門拜訪客戶，徵求客戶的意見，看看產品是否還有改進的空間。客戶們看到李嘉誠帶來的樣品，款式新穎，品質比從前更好，無不讚嘆李嘉誠的能力，再次紛紛向李嘉誠訂購新產品。半個多月後，李嘉誠手裡又有了為數可觀的訂單。這一次，他再也不敢大意。

到了1954年秋天，李嘉誠還清了絕大多數從私人手中借用的錢款，從前的聲譽回來了，李嘉誠一度喪失的信心又重新確立起來。從此之後幾十年，一直到今天，李嘉誠不管幹什麼，都保持謙虛謹慎的心態，做了幾百上千次的事情也像做第一次一樣認真。

1955年年底，長江塑膠廠張燈結綵，準備迎接新的一年的到來，全廠上下洋溢著前所未有的歡慶氣息。年終結算時，李嘉誠不僅償還了包括香港兩家銀行在內的所有貸款，而且還有了可觀的盈餘，他終於變成了真正意義上的「老闆」。

2007年，李嘉誠接受《全球商業》採訪時說：「上乘的品質和良好的信譽是一個企業的開端。有了信譽，自然就會有財路，這是必須具備的商業道德。就像做人一樣，忠誠、有義氣，對於自己說出的每一句話，做出的每一個承諾，一定要牢牢記在心裡，並且一定要能夠做到。」

李嘉誠看重信譽比看重錢財更多，這是長江塑膠廠的品質風波帶給他的啟示。他也在親身經歷中，真正領會了「欲速則不達」的含義。企業在發展中，面對稍縱即逝的機會，要絲毫不猶豫的快速抓牢，但在該放緩節奏時，也要穩穩當當的走好每一步路。在今後的發展道路上，李嘉誠將邁著穩健的步伐，走得更遠。

柳暗花明又一村

夏日傍晚時分的筲箕灣，自有一番與白天不同的美麗景致。海風吹散一天的暑氣，夾雜著海水中絲絲的鹹香味。趁著將退的日光，還看得見不時飛過的海鷗。忙碌了一整天的李嘉誠爬上了一塊巨大的礁石，看著鯉魚門海峽上大大小小的漁船穿梭往來。這裡的景色幽靜典雅，不時奔騰而來的海水拍打著腳下的礁石，遠處是中區的萬家燈火。這是李嘉誠創業的第7個年頭，看著眼前如此醉人的景致，李嘉誠陷入了沉思，他在思考長江塑膠廠的現狀和未來。

自從李嘉誠擺脫因產品品質引發的經營危機後，長江塑膠廠的生意可謂順風順水，煥發出新的生機，訂單如海水般湧來，銷售業績越來越好，而此時的李嘉誠頭腦異常冷靜，他還記得上一次的危機正是在他春風得意時發生的。廠裡的經營狀態良好，但分析整個香港塑膠業，情況卻不容樂觀。

短短幾年發展，香港的塑膠廠家已達到700餘家，李嘉誠的長江塑膠廠與其他廠家相比，不論是產品款式還是銷售模式，都沒有太大區別，雖然目前經營狀況良好，但這又能持續多久呢？李嘉誠對前途充滿了深深的憂慮。

香港本土市場對塑膠產品的需求，早已成飽和之勢。一部分有能力和眼光的業主均把目光投向了境外市場。李嘉誠也不例外。他起初選擇的新市場是經濟較為滯後的周邊地區，譬如當時的臺灣尚未有塑膠產品面市，尤其是塑膠兒童玩具十分鮮見。李嘉誠親自帶人去臺灣推銷，並且主動降低售價，物美價廉的塑膠玩具一經面市，就取得了意想不到的效果，市場銷路十分看好。

李嘉誠從來就不是一個甘於碌碌的人。安穩的生活固然好，但他更渴望有一個新的契機，能使長江塑膠廠在同行中脫穎而出，成為業界的領頭企業。為了達到這一目標，經過深思熟慮的李嘉誠，把突破點定在不斷開發新的市場，更主要的是產品本身必須具有顛覆性的變化。

長江塑膠廠以做塑膠兒童玩具起家，後來又增加了塑膠日用品。幾年下來，產品先後變化了幾十款。這大部分都是按照訂貨商的訂貨要求，在原有的產品上不斷變型而來的。從設計到生產，很大程度上被商家左右。李嘉誠也曾想站在消費者和市場的角度上，推陳出新，無奈資金不足而始終沒有實施。

處在這樣大環境下的李嘉誠，終日都在思考如何才能推出新的產品。他購買和訂閱了許多塑膠行業的雜誌，透過閱讀，使自己從中汲取大量的知識和資訊，從而把握世界塑膠行業的新動向。

一日深夜，結束一天工作的李嘉誠隨手拿起最新一期的英文版《塑膠》雜誌，其中一條簡短的消息如電光石火般瞬間擊中了他：義大利一家公司，已研發出利用塑膠原料製作而成的塑膠花，色澤鮮豔、形態逼真。

一直苦苦思索新方向的李嘉誠，如迷途中的旅人看到前方的村莊一般，興奮不已。他立即翻閱另一本英文經濟學雜誌，果然不出他的所料，在一個欄目裡有整整一版義大利最新塑膠製品的介紹，其中不乏《塑膠》雜誌中那家公司的簡介。不僅如此，雜誌中還刊登了塑膠花成品的照片。看到圖片的李嘉誠驚訝極了！各式鮮花，五彩繽紛，鬱金香、向日葵、勿忘我……每一種都維妙維肖，簡直令人嘆為觀止！

大開眼界的李嘉誠，敏銳的意識到這個消息中蘊含著的巨大商機。塑膠花在歐美剛被研製出來，處在起步階段。香港對於這類產品尚且無人知曉，如果自己的長江塑膠廠能夠搶先一步學會此項技術，投產並打入市場，不僅能夠填補產品的空白，也將會使塑膠行業從日用品轉為裝飾品，其廣闊的前景將不可限量。

第二天，興奮的李嘉誠帶著這個振奮人心的消息來到廠裡，請來資深的技術人員一起研究。但事情並沒有想像中那樣順利，得知這一消息的技術員搖著頭對他說，以長江廠目前的技術，根本生產不出這樣的花，他們的技術只夠做一些基礎的硬塑膠製品。塑膠花除了配色複雜外，原料的配比如果沒有專門的資料，是不可能得知的。

李嘉誠並沒有氣餒，畢竟這不是空穴來風的想法，鮮活的照片已經擺在眼前，別人能生產出來，自己也可以。

之後的幾天，李嘉誠走訪了香港幾乎全部的大型商場，發現各大商場的貨架上擺放的仍然是塑膠玩具和塑膠日用品。這更堅定了李嘉誠一定要儘快掌握塑膠花生產工藝的決心。一旦讓其他廠家得知消息並搶佔先機，長江塑膠廠就只能跟在別人後面亦步亦趨。精明的李嘉誠知道，要贏得市場，必須贏得時間。李嘉誠，當即決定去義大利考察。他要親眼看看這種塑膠業的新寵兒。

機會往往留給有準備的人，如果李嘉誠沒有養成好讀書的習慣，他怎麼會看得英文雜誌，又怎麼可能在第一時間瞭解到行業的最新變化？勤奮好學的李嘉誠以最快的速度辦妥了去義大利第二大城市米蘭的旅遊簽證，懷揣著滿滿的希望和無限的求知欲，登上了飛往義大利的航班。

國際「商業間諜」

1957年初夏，李嘉誠踏上了義大利的土地。走出機場，明媚的陽光正透過剛剛散去的晨霧隱約散發出光芒，湖光山色如披一襲輕紗，沉溺在柔和的日光下，盡顯嫵媚之態。

米蘭是義大利北部一座頗負盛名的文化名城，整座城仍保留著18世紀的古樸風貌，古堡與雕塑隨處可見。站在這座古城的高處，便可一覽阿爾卑斯山南麓那些蜿蜒起伏的群山。夏季正是米蘭的黃金旅遊季節，來自世界各地的遊客使米蘭本不寬闊的街道略顯擁擠。李嘉誠無心觀光遊覽，他的心裡始終惦記著可以決定他下一步命運的塑膠花。

李嘉誠先在一間便宜的旅店安下身，他已從當地的報紙上得知在兩天後本地要舉行一場大型的塑膠花展銷會。看到這一消息的李嘉誠高興極了，他馬上就可以親眼看到真正的塑膠花了。這兩天內，李嘉誠流連於米蘭的各大商場及書店，希望能從書本上查到塑膠花的相關資料，但所獲甚少。

塑膠花展銷會讓李嘉誠大開眼界，實物比照片更吸引人，逼真的外形，真讓人分不清拿在手上的是真正的鮮花還是塑膠花。回到旅店的李嘉誠仍然無法平復激動的心情，但看著買回來的塑膠花樣品，又使他一籌莫展。僅僅依靠這些樣品，是沒辦法弄明白這些讓人既欣羡又愛不釋手的塑膠花那神秘的生產工藝。

李嘉誠思前想後，決定去《塑膠》雜誌介紹的米蘭維斯孔蒂塑膠公司碰碰運氣。第二天，李嘉誠以香港經銷商的身分進入這家公司，參觀了琳琅滿目的塑膠花。李嘉誠一面詢問有關塑膠花的知識和價格，一面表示有意購買該公司塑膠花的生產工藝和設計圖紙。但對方提出的價格幾近天價，可以這麼說，對方開出的價格，就算李嘉誠有二十家長江塑膠廠，把它們全部變成現金，也不夠付對方開價的十分之一。

沒有達到預期目標的李嘉誠心急如焚，他放下廠裡的事務千里迢迢遠來米蘭，為的不是僅僅看一眼塑膠花的模樣、帶回去幾箱樣品，他需要的是生產技術，要讓自己的長江塑膠廠也能生產出一模一樣的塑膠花。然而想到那個天文數字，又毫無辦法。萬般無奈之下，李嘉誠只好預定了兩天後的機票回香港，在無計可施的情況下，繼續在這裡逗留，無異於浪費金錢。

也是天幸，李嘉誠在回港前一天晚上翻看報紙時，看到一條招工啟事，招工的企業正是李嘉誠日思夜想的維斯孔蒂塑膠公司。該啟事稱，需要招收三名勤雜工、兩名供料工，並表示年滿20歲的本地或外國人均可報名。看到這一消息的李嘉誠，終於露出了笑顏。在他心裡，頓時冒出了一個比來米蘭考察塑膠花更大膽的決定：他要去這家塑膠廠打工學藝。就像從前在萬和塑膠公司那樣，在實踐中學到關於塑膠花的全盤技術。

就這樣，李嘉誠順利地進入了這家塑膠廠，被派往車間做打雜的工人。據說，由於老闆貪利，才讓持旅遊簽證的李嘉誠進入工廠做短期工，只給他不及同類工人一半的工薪。李嘉誠就這樣從一個管理近百人的香港塑膠廠老闆，搖身一變成為了一名外國打工者。

被派往車間工作的李嘉誠，當時負責清除廢品廢料。維斯孔蒂塑膠公司總共有三個大型車間，分別是選料車間、定型車間、上色及包裝車間，每個車間都有一千多平米的大型廠房，廠房雖大，卻一絲不亂，工人們分工明確，工作起來井井有條、鴉雀無聲。相比之下，位於香港筲箕灣的長江塑膠廠簡直就像一個微縮模型。李嘉誠在這裡，首先學到了嚴明的廠紀和廠風對一家公司的重要。

由於工作需要，李嘉誠可以在各個車間來回走動，李嘉誠勤奮而機敏，在工作的同時細心觀察流水線上的一切生產流程，如同「國際間諜」般全面觀察每個工作細節，必要時還翻看被自己回收的各個車間的廢料。收工後便把當日所觀察到的一切詳細的記錄在筆記本上。

生產塑膠花最重要的是定型，不但樣式要逼真，而且要求花枝、葉片富有彈性，維妙維肖。李嘉誠發現，生產塑膠花的定型設備與長江廠的機器完全不同，經過他不斷觀察和琢磨，發現該廠定型車間的大型設備雖然外形複雜，實則工作原理與長江廠的機器設備並無本質區別。李嘉誠在心裡已經想好了要怎樣改裝自己廠裡的設備了。

除了細心觀察之外，每逢假期，李嘉誠還會大方邀請數位新結識的工廠朋友到餐館吃飯，這些朋友都是某一工序的技術工人，李嘉誠十分虔誠地向他們請教有關技術，他們對這位勤奮的工友十分有好感，把自己知道的毫不掩飾的告訴了他。這樣，李嘉誠很快逐漸掌握了生產塑膠花的核心技術。

站在今日的角度，我們可能會感到李嘉誠的行為有悖商業道德。的確，他未經允許便暗自取得了別人研製的專利，並且自主生產銷售。然而在專利法還不健全的20世紀50年代，李嘉誠的舉動其實是可以理解的。

隨著李嘉誠旅遊簽證到期日的不斷逼近，他辭掉在維斯孔蒂公司的工作，帶著幾大箱塑膠花樣品和資料，滿載而歸。不過，這一連串動作，都是暗地進行的，秘而不宣的策略是李嘉誠面對絕地反攻契機時的冷靜之舉。

李嘉誠在汕頭大學演講時曾告誡年輕的學子們，有了好的想法時，一定要抓準時機大膽行動，不要畏懼困難，因為想法一旦失去熱度，隨之失去的還有付諸實施的勇氣。這點正是指他涉足塑膠花領域的經歷。

回港後，李嘉誠立刻趕往長江塑膠廠。他不動聲色，只是把幾個部門負責人和技術骨幹召集到他的辦公室，把帶來的樣品展示給大家看。在栩栩如生的塑膠花面前，眾人均為之傾倒。

隨後，李嘉誠專門組成了一個項目小組，來研製新型塑膠花的工藝，以便能儘早上市，並準備在一砲打響後全面佔領香港市場。與此同時，李嘉誠明確表示，若想讓外來花卉開遍香港，必須進行本土化改造，設計出更符合中國人審美趣味的本土花卉。在他的領導下，專案小組成員不斷加班，設計出了牡丹、月季、繡球、茉莉等被香港人普遍喜愛的花卉。

李嘉誠給項目小組全體成員下了一條命令，在塑膠花正式生產前，任何人不得向外洩露這一秘密，因為，一人洩露，便意味著全盤皆輸。

技術人員經過反覆試驗，用了一個多月時間，把各式樣品的調色方案研定到最佳水準，星夜奮鬥帶來了奇效，李嘉誠拿著不同色澤款式的塑膠花樣品，走訪了不同消費層次的家庭，竟獲得了一致好評。

屬於李嘉誠的塑膠花時代馬上就要到來！

香港塑膠花大王的誕生

如果說李嘉誠帶領全廠員工加班加點研製出屬於自己的塑膠花，是為長江塑膠廠更新產品種類奠定了物質基礎的話，那麼，接下來為塑膠花制定價格就是塑膠花上市前最為關鍵的一步。

在廠務會議上，大多數人認為，長江廠生產的塑膠花填補了香港塑膠市場的空白，再加上產品本身精緻優美、極富特色，一經上市必然造成轟動全港的巨大效應。開局如果能以高價出售，一定可以贏得滿堂采，賺得金山銀山。

李嘉誠卻認為，從市場的角度來看，塑膠花上市造成轟動已成定局，接下來全港的塑膠生產廠家勢必一窩蜂的仿效其產品，會出現許多跟風之作。如果此時長江廠的價格處於高起點，等同行生產出同類產品再降低價格的話，長江廠就會失去產品優勢，又將把自己陷入新一輪的價格戰中。畢竟，塑膠花這種產品成本低廉，重點在它的「新奇」。高價出擊，只能是「一錘子買賣」。

出於此種考慮，李嘉誠根據合理的成本核算，制定出中等偏下的價格方案。他認為目前最主要的是全面佔領市場，有了市場，還怕賺不到錢嗎？

事實證明，李嘉誠的決策無比正確。長江塑膠廠的塑膠花上市後，一砲打響。同行仿效出的產品不論在造型還是價格上都沒有優勢可言，只能跟在長江廠的後面，亦步亦趨。

從這件事，可以看出李嘉誠作為一個企業家本身所具有的優秀的決策力和長遠的眼光，他能夠不被不同意見所左右，一眼看到事情最核心的關鍵所在，並做出最有利於企業發展的決斷，不得不令人佩服。這種決策力在今後的日子裡，還將一次又一次的助他一臂之力。

萬事俱備，只欠東風。在大家悉心等待塑膠花全面上市的前夕，李嘉誠得知一個消息：香港最著名的英資百貨公司——蓮卡佛國際有限公司已與義大利新銳塑膠花公司維斯孔蒂公司簽訂了首銷5000束塑膠花的協議，並定於10月15日在蓮卡佛公司旗下所有連鎖店同時面市。

得知這一消息的李嘉誠，全身的神經都緊繃了起來。義大利維斯孔蒂塑膠公司正是他「偷師學藝」的地方，李嘉誠對他們生產的塑膠花簡直瞭若指掌。以前看到那些新奇的塑膠花，美輪美奐，可以說是驚為天物。而如今，李嘉誠對比自己的長江塑膠廠生產出的塑膠花，不論是品質還是款式都毫不遜色。他緊張，是因為時間。如果兩家廠家的產品同時上市，他勢必競爭不過維斯孔蒂公司，畢竟，長江廠名不見經傳，沒有名氣。現在唯一能做的，是搶時間！

李嘉誠立刻召開緊急會議，把長江塑膠廠的塑膠花上市時間提前。1957年10月11日，這一天被李嘉誠定為「塑膠花總攻日」，隨著塑膠花成功佔領香港各個商店的櫃檯，這個日子也成了李嘉誠人生中又一個重要的紀念日。

在李嘉誠的塑膠花隆重推出的當天，香港各大報館同一時間報導了這一歷史性事件——「塑膠花束開滿地」。鮮豔的色澤、逼真的形態、柔韌的手感，足能以假亂真，是創造，也是奇蹟。

如今老一輩香港人還記得那時的盛況，幾乎在一週之內，香港大大小小的街頭都擺滿了這種稀罕的塑膠花，每家每戶都會多少買幾束用來裝飾房間，就連計程車裡都擺放著四季盛開的塑膠花。實惠的價格，讓平民百姓也能消費得起這種新鮮產品。

等到4天後蓮卡佛百貨公司出售義大利塑膠花時，市場已全被長江塑膠廠佔領。更重要的是，長江塑膠廠生產的塑膠花價格比義大利進口塑膠花低了一半以上，並且品質上乘，花式品種又更貼近本土觀賞習慣。來自米蘭昂貴的「塑膠花奢侈品」，在長江塑膠廠質優價廉的塑膠花面前，黯然失色，無人問津。

這一仗，李嘉誠完成了一次極其漂亮的搶灘登陸！在這一年的歲末，業績蒸蒸日上的長江塑膠廠正式更名為長江工業有限公司，李嘉誠親任董事長兼總經理。開啟了長江廠華美蛻變的第一篇章。

李嘉誠在贏得香港市場後，又把目光投向了國外。早在長江塑膠廠只生產塑膠玩具及日用品時，就已經打通了泰國、新加坡、馬來西亞等國家的塑膠市場。現在，李嘉誠又進一步將塑膠花推向東南亞。由於長江塑膠廠的產品品質越來越好，價格也極具優勢，所以不但上述各國採購量可觀，像菲律賓、斯里蘭卡、越南、印度等國也紛紛要求訂貨。

在20世紀50年代，世界最大的消費市場在歐美，幾乎佔據世界消費量的一半以上。李嘉誠無時不渴望將產品打入歐美市場。彼時，香港的對外貿易幾乎全部被各大洋行所壟斷。也就是說，要想將產品推廣到歐美市場，必須透過本港的洋行設在歐美各國的分支機構才能實現。

李嘉誠清楚的意識到，如果能夠繞過香港洋行這個中間環節，直接跟外商聯繫，將會更全面的把握產品在境外的銷售情況，為企業注入新的活力。與此同時，國外的公司也有繞過香港洋行直接與香港廠家聯繫的願望，希望利益最大化。基於雙方的這種要求，李嘉誠的全力運作在一定程度上改變了洋行一手遮天的格局。

李嘉誠自行印刷精美的產品圖冊，分發到歐美各大公司，不久，他得到了一個讓他興奮的好消息：一家位於加拿大多倫多的大型商貿財團，決定前來長江公司考察並與李嘉誠洽談合作事宜。帶隊前來的，正是這家商貿財團的總裁，可見對方對這次洽談的重視程度。

李嘉誠與這位年紀與他相仿的年輕總裁特魯多，約在維多利亞海灣附近的灣仔大廈見面。這兩位企業的最高領導者，都是年輕精明的有為青年，思想上有許多共同之處，溝通起來感覺不到絲毫的障礙。

特魯多開門見山的說：「此行之前，我已經全面考察過香港市場，知道貴公司生產的塑膠花品質和品種都屬上乘，甚至高於義大利的同類產品。吸引我的，除了品質，還有貴公司的產品價格不到歐美產品的一半。如果我們能合作，我公司將大批量進貨，唯一的問題是，以貴公司現有的生產規模，恐怕不能滿足我們的進貨數量。」

雖然特魯多知道李嘉誠的長江公司現階段還是小公司，但是長江公司物美價廉的塑膠花又在不斷的吸引他。他提出兩個要求，並表示如果李嘉誠能夠滿足他這兩個要求，他將立即訂貨。這兩個要求是：第一，在簽署訂單前，李嘉誠需要找一位香港知名企業的負責人為長江公司做擔保；第二，要求李嘉誠拿出三種塑膠花樣品，他將根據樣品情況決定訂貨數量。

李嘉誠明白，如果做成這筆生意，不僅能夠獲得自創業以來最大的一筆訂單，更重要的是能夠打通長江公司與歐美市場的銷售網路，這對長江公司今後的發展有著深遠的意義。

可是，擔保人的問題難住了李嘉誠，雖然目前塑膠花的市場前景一片大好，但風險無處不在，誰會白白的冒著未知的風險為他做擔保呢？李嘉誠想，若是換作自己，也不會去做這種風險巨大的事情。

找不到擔保人的李嘉誠並沒有放棄這個機會，在他的人生字典裡，向來是只要有一分機會，就會付出二十分的努力去爭取。這一次也不例外。

在約定的時間，李嘉誠再次來到灣仔大廈，他從辦公包裡拿出9種樣品，這是他和公司技術員連夜加班趕製出來的最新樣品。特魯多看到眼前的這9種栩栩如生的塑膠產品時，簡直不能相信自己的眼睛，讓人垂涎欲滴的葡萄、青翠逼真的聖誕樹，還有加拿大的國花糖槭樹花，一簇一簇，小巧精緻。

特魯多看著面前雙眼佈滿血絲的李嘉誠，當即決定簽署訂購協定。當李嘉誠坦白的說出自己沒有找到擔保人時，特魯多不容李嘉誠說完，打斷了他的話，「您的坦白和工作效率很讓我欽佩，我相信我們將會合作得很愉快！」

根據協定，特魯多提前預付70%的貨款，這讓長江公司進一步擴大規模提供了條件。從這之後，李嘉誠穩紮穩打，一步步佔領了歐洲市場，每年的海外交易額達到數百萬美元。長江工業有限公司成為了香港塑膠業的絕對霸主，成為了世界最大的塑膠花生產廠家，李嘉誠本人也贏得了香港「塑膠花大王」的美譽。

李嘉誠的經商天賦，在開拓塑膠花市場時已經表露無遺。制定價格策略時，並不以眼前的利益為重，而是以塑膠花的市場佔有率為基準點，以低價位贏得市場，就好像李嘉誠埋在塑膠花市場中的「星星之火」；塑膠花佔有香港市場後，他並不滿足現狀，而是將目光放到更大的國際市場內，這讓他的生意越做越大。

不重近利和長遠的商業眼光，將在李嘉誠日後的商業活動中，不斷的助他一臂之力。而此時，他的事業真正進入了第一個騰飛期，一朵花苑奇葩正在走出國門，開遍世界。

第3篇 創見美麗新世界

（1958年30歲～1976年48歲）

李嘉誠沒有顯赫的出身，沒有高學歷的背景。但他卻有鍥而不捨的精神，有不畏艱辛的勇氣，有不知疲憊的毅力。憑藉這些，他漸漸創造出了李嘉誠式的奇蹟。已身為「塑膠花大王」的李嘉誠，是全香港塑膠界最炙手可熱的人物，但他卻有著更高遠的人生追求。李嘉誠之所以能從一個貧窮少年變成萬眾矚目的華人首富，就是因為他總是不斷的為自己制定新的目標，並為實現這個目標付出所有的努力，即使這個過程中荊棘遍地，也勇往直前絕不放棄。

生活就像攀登一座山峰，只有一步步向前，才能不斷前行，直至攀到山峰的頂端，一覽眾山小。

第六章 夢想照進現實

為擴新廠涉足地產界

縱觀今日世界中身價超過百億的超級富豪，90％是地產商或者是兼營地產的商人，剩下10％的富豪也在累積財富後或多或少的涉及到地產投資。地產在當代屬於世界公認的最賺錢的行業，其中的利潤是普通人無法想像的。

這樣一個獲利頗豐的行業，卻並非始終炙手可熱。早在20世紀50、60年代，當時的富豪們分散在工業、零售、貿易、金融、航運、能源等多個領域，可以說是各行各業都有大富翁出現，涉足地產業的富豪只是其中的一小部分，並不突出。不像當代社會這樣呈現出一邊倒的現象。可以說在那個時代，房地產業並不被眾多企業家看好。

向來投資眼光獨到的李嘉誠，對地產業卻有著自己的思考和認識。

隨著香港社會狀況的日趨穩定和經濟不斷發展，到20世紀50年代末，回流入港的人口數量激增。有資料顯示，1951年，香港人口數量僅為200萬，到50年代末期，常駐人口總數已逼近300萬。十年內人口總數增長了100萬。人口的暴增，使香港的住宅需求大大提升，加上多年來香港經濟的發展，辦公大樓、商業店鋪、工業廠房的需求量也進而提升。

李嘉誠正是在這種情況下，發覺土地、住宅、物業勢必成為香港炙手可熱的新興產業。他經過深思熟慮後，決定不再加資塑膠業，而是利用手中因塑膠花獲利積聚的一億港元問津地產，涉足地產業。

1958年，李嘉誠30歲，這一年，他在香港繁華的工業區——港島北角，購地興建了一幢12層樓高的工業大廈，以此吹響了他正式介入地產市場的第一聲號角。1960年，又在新興工業區——柴灣興建了第二幢工業大廈。這兩處工業大廈，總面積共計12萬平方英尺。不僅是他投資地產的試驗所，也是他開闢的屬於自己的塑膠基地。

這一連串重大舉措，不僅徹底改變了長江公司只生產塑膠製品的單一模式，同時也徹底改變了李嘉誠的人生軌跡。

李嘉誠之所以投資地產，還有一個和長江公司自身發展息息相關的小插曲。

在塑膠花傾銷全球的良好態勢下，長江工業有限公司有了不斷發展壯大的機會。原來的小廠房已經不能滿足長江公司的需求。身為公司董事長的李嘉誠，不得不跑遍全港為公司尋找新的廠房，但要找到租金適宜、交通便利又滿足辦公要求的新廠房實在不是一件容易的事情，而且，許多房產商看準了當時香港工業廠房一房難求的局勢，不肯簽署長期的租約，每到租戶續租時，便大幅增加租金以謀求利潤。廠房租金越來越高，李嘉誠不得不開始思考自己建廠房的問題。

起初，李嘉誠在北角和柴灣興建的工業大廈，只是半租半用的性質。隨著香港房荒現象越來越明顯，李嘉誠又於1963年前後在新界元朗大興工程，興建廠房。以此為起點，李嘉誠在地產界的投資一發不可收拾，他逐漸把長江公司的經營重心轉移到房地產業，而使他在商業嶄露頭角的塑膠業，退到了從屬的位置。

一般而言，一個人在某一領域獲得成功後，往往會乘勝追擊，在最擅長的領域開疆闢土。而李嘉誠卻能在塑膠事業到達巔峰時，反其道而行之，急流勇退，放棄「塑膠花大王」的身分，挖掘新的市場，從零做起，這不得不說明他異於常人的冷靜特質和超凡的經商智慧。

有了自己興建的樓宇，李嘉誠本可以借用「賣樓花」模式預售房產，加快資金回收並大賺油水，但李嘉誠沒有這樣做，他選擇了最為穩妥的出租物業方式。

「賣樓花」式樓宇建設模式是1954年由霍英東首創的，即在樓宇尚未興建之前，根據設計圖將樓宇分為各個單位分別出售，以此獲得預付款，再用預付款動工興建。也就是大家平日常說的「賣家用買家的錢建樓」。地產商還可以用已購得的地皮和未成型的樓盤做抵押向銀行貸款，再開發新的物業。

李嘉誠認為，這種賣樓花和按揭的方式雖然具有資金回籠較快的優勢，但風險較大，地產商過多的依賴銀行貸款，一旦銀行營運出現狀況，一損俱損，極有可能血本無歸。

李嘉誠作為香港地產界的新人，並沒有盲目跟隨這一流行風潮。他選擇了類似當時香港最大的地產商——英資置地公司的做法：並不急於「大胃口」搶地囤地，而是始終堅持求合適地皮，不按揭貸款；手中的房產只租不賣，以物業慢收金。這一舉措，被很多人將他戲稱為「保守」的新地主。李嘉誠不為所動，仍然以出租物業為主，完全靠自有資金興建樓宇，儘量不依靠銀行貸款。他的這一做法堅持數年，「穩健發展」的投資理念使他平穩度過了不止一次的地產危機。

孔子曰：「吾十有五而志於學，三十而立，四十而不惑，五十而知天命，六十而耳順，七十而從心所欲不逾矩。」

三十歲的李嘉誠，用自己的行動履行了孔老夫子的這一立身準則，年輕有為的他，事業如火如荼的開展著，早年貧苦生活的影子如今才算徹底離他遠去。有了穩定的生活，李嘉誠開始嚮往擁有一個屬於自己的家庭。

結愛同心

俗話說人生有四喜：久旱逢甘露，他鄉遇故知，洞房花燭夜，金榜題名時。

1963年，35歲的李嘉誠迎娶了比他小4歲的結髮妻子莊月明，如他所願組成了屬於自己的家庭。李嘉誠再不是那個被人呼來喝去的茶樓跑堂少年，也不是為了生計四處奔波的位卑財薄的年輕小業主。從他初來香港討生活到現在，二十年時光倏然而逝。如今的李嘉誠有了自己的產業和家庭，他已經成長為一個肩負著企業命運和家庭重任的堅毅的男人。雖然他感到自己的責任又加重了，但新婚的李嘉誠卻是無比幸福的。

李嘉誠的妻子莊月明，從家族親屬的角度來講，還有另一個身分，她是李嘉誠的表妹。她的父親，就是李嘉誠的舅父——為李嘉誠一家逃避戰亂來港提供無私幫助的香港鐘錶業大亨莊靜庵。

莊月明是莊靜庵的第一個孩子，雖然那時候莊靜庵的鐘錶事業還沒有完全開展起來，但初當父親的莊靜庵一點也察覺不到工作的辛苦，每天下班回家第一件事就是抱起女兒，看到小月明被他的鬍渣搔癢得的笑個不停，莊靜庵的心裡總有說不出的甜蜜。

時光流逝，小月明漸漸長大了。莊靜庵對這個女兒始終寵愛有加，對女兒的教育問題也極為重視，在小月明正式上學之前，莊靜庵專門請了家庭教師幫女兒補習英語。幼小的莊月明天賦極高，小小年紀就能說得一口流利的英語。之後她以優異的成績考入教會辦的英文書院讀書。

莊靜庵在香港從鐘錶店的普通店員做到擁有自己的鐘錶公司，其中的甘苦不是外人能夠理解的。作為一名父親，他希望給予女兒最優越的生活環境。戰爭使一些人背井離鄉，也使一些多年不見的親人重新相逢。因為戰亂，莊靜庵見到了闊別多年的親妹妹，小月明也因此見到了她的表哥——李嘉誠。李嘉誠說他初次見到表妹時，剛放學的莊月明穿著漂亮乾淨的學生制服，極為有禮的和每一個人打招呼，而李嘉誠自己因為連月的奔波，衣著不整又瘦骨嶙峋，站在洋氣的表妹前面讓他感到十分窘迫。

彼時仍處於英國統治下的香港，一片紙醉金迷的氣象，和內地完全是兩種不同的社會。為了適應生存的需要，李嘉誠的父親李雲經讓李嘉誠學做香港人，讓他向小表妹學習正宗的廣東話和英語。

從此，月明就成了李嘉誠的廣東話老師。表妹用心教，表哥認真學。沒用多長時間，李嘉誠便能用純正的廣東話與香港人交流了。為了回報表妹，李嘉誠也發揮自己的長處，教月明學習中國古典詩詞。那段時間，莊家這一對「金童玉女」兩小無猜、互相學習的情景，是當時家庭裡最為動人的風景。和表妹共同學習成長的經歷，也成了李嘉誠動盪童年中最溫馨的回憶。

如果事情一直平穩的發展，李嘉誠和莊月明都將度過安逸美好的少年時光。1943年，李嘉誠的父親李雲經病逝，李嘉誠與表妹開始走上了兩種截然不同的人生道路。身為長子，為了承擔起家庭的重擔，李嘉誠被迫放棄了學業，不得不起早貪黑的工作以維持一家人最基本的生存需要。莊月明還是不時的過來看望表哥，卻很難看到表哥的身影，她放學時，十幾歲的表哥還在工作。李嘉誠的辛苦和勤奮讓表妹看在眼裡，記在心裡。每次來找表哥她會從家裡帶些吃的過來，但她的好意總被生性倔強的表哥拒絕。後來莊月明才明白，一向和藹的表哥並非有意拒絕她，而是因為自尊。

學習成績突出的莊月明於1961年在香港大學畢業後，東渡日本，進入日本明治大學主修經濟。在香港經濟發展的帶動下，莊靜庵的生意也越做越大，從僅維修鐘錶的中南錶行發展成為獲得瑞士名表經銷權的中南公司。莊靜庵經過十多年的打拚，成為香港鐘錶業第一代領軍人物。家大業大的莊靜庵，開始為業已成人的女兒操心婚事。

作為父親，莊靜庵自然希望女兒能夠嫁到與自己身分地位匹配的豪富人家，留學回港的女兒在父親的要求下，與好幾位年輕有為的青年相親，他們中有富貴的世家子弟，也有留學歐美的才子。這些有著優越條件的青年都被才貌雙全的莊月明拒絕了。讓父親不解的月明，卻與正艱苦創業的表哥李嘉誠越走越近。細心的父親終於得知了女兒的心思，月明看中的郎君人選是表哥李嘉誠。

雖然外甥這些年的勤奮和努力得到了莊靜庵的讚賞，但要讓寶貝女兒嫁給既沒讀書又沒有雄厚資本的李嘉誠，莊靜庵還是不能同意。要知道自己的女兒從小嬌生慣養，如今也是學業有成的大家閨秀。如果他們結合在一起，那真是門不當戶不對。莊靜庵對此事極力反對。

無奈女兒大了，在感情上有了自己的主意，月明雖然理解父親，卻無法割捨對表哥的感情。這些年來，表哥努力謀生，從一貧如洗到有了自己的公司，他的堅毅和勤奮讓月明欽佩。李嘉誠對表妹也十分鍾情，從小時候兩小無猜在一起學習，一直到現在，表妹始終不斷的幫助他，給他跨過困難的信心，如果自己能娶到表妹做妻子，將是人生中最大的成就。

面對家長的反對，這兩個年輕人用自己的決心和成績證明他們彼此相愛的心。到60年代初，李嘉誠憑藉自己的努力成為了蜚聲全港的「塑膠花大王」，事業蒸蒸日上。看到李嘉誠越來越大的成就，莊靜庵才同意把女兒嫁給李嘉誠。終於，在一片祝福聲中，李嘉誠牽著莊月明的手，幸福地踏上了紅地毯。

為了讓岳父看到自己的誠意，也為了婚後的月明能夠有個舒適的住所，李嘉誠在他們結婚前半年，斥資63萬港幣買下了一幢位於深水灣道79號三層花園式洋房，這處住所，李嘉誠一直居住至今。當時的李嘉誠雖然已經因塑膠花名聲大噪，但仍不是真正的大富大貴，要一下子拿出63萬港元，對他而言也並不容易。所以有人說，這是李嘉誠送給表妹的最好的禮物。

不離不棄，永不續弦

不管風雲如何變幻，世俗觀念如何輪轉。經濟可以被摧垮，政壇可以被更迭，任何事物都可能被新的觀念所替代，唯獨愛情歷久彌堅，成為世人歌頌和嚮往的永恆意念。然而，多元化的社會打造了多元化的人類，有人對愛情忠貞不渝，也有人在飛黃騰達之後拋棄了糟糠之妻，一個又一個現代版的陳世美出現在人們的視野當中。

俗話說「樹大招風」。一個人一旦出名，他的任何事情都會被街頭巷尾的人所談論。李嘉誠也不例外。自從他結婚後，作為香港的塑膠花大王，他的私生活一直被人們所好奇。似乎總有一些充滿獵奇心態的人在等著李嘉誠這個大富豪在愛情上的「叛變」。然而幾十年過去，李嘉誠用自己的行動向世人證明了自己對妻子的一片深情。

李嘉誠在父親去世後開始了打工生涯，雖然和表妹在一起的時間減少了，但二人之間從未斷了聯繫。李嘉誠遇到困難時有表妹的鼓勵，獲得成功時有表妹和他一起分享那份勝利的愉悅。在莊月明留學日本期間，兩人每週互通書信。莊月明在信中告訴他自己所處的新鮮的世界和每日的見聞總讓李嘉誠感到嚮往，他雖然沒有條件像表妹一樣去學校接受高等教育，但他一刻不忘記自學，表妹的成功無時不在激勵著他要不斷學習，只有充實自己才能讓自己配得上學識淵博的表妹。

莊月明看到表哥的踏實作為，越發被他堅強的毅力打動。在別人眼中，李嘉誠可能是一個沒有接受到良好教育的小業主，而在莊月明看來，李嘉誠是一個有擔當、有情有義的好男人。

李嘉誠和莊月明兩個人的感情並非一蹴而就，而是在天長日久的瞭解和相互鼓勵中，從親人、朋友的關係發展成為親密戀人。

婚後，兩個人的感情越加濃厚。莊月明也在不久後加入了李嘉誠的長江工業有限公司，在事業上助李嘉誠一臂之力。加入公司的莊月明並不以老闆夫人的身分自居，她流利的英語、日語，以及謙和勤勉的工作態度，贏得了公司上下的一致讚賞。

1964年8月和1966年11月，莊月明為李嘉誠生下兩位公子——李澤鉅、李澤楷。做了母親的莊月明漸漸將公司事務移交，退居幕後，一心一意相夫教子，成為李嘉誠的賢內助。人們常說，一個成功的男人背後，往往有一個默默付出的女人。莊月明就是那個支撐在李嘉誠身後默默付出的女人。

1972年11月，「長江實業」上市，這是李嘉誠事業上又一個重大的轉捩點。莊月明為了幫襯丈夫的事業，出任公司執行董事，是公司決策高層的核心人物之一，給了李嘉誠許多中肯有效的意見。可以說，李嘉誠的不少睿智的決斷裡，都蘊含著妻子的心血和智慧。儘管如此，莊月明極少在公眾面前露面，始終保持低調的態勢，也不接受記者的採訪。所以，人們在談論「超人」李嘉誠時，很少會提到他的妻子。很難想像，如果李嘉誠的生命中沒有莊月明，他的事業會否仍取得今日的成就。

進入20世紀80年代，李嘉誠的事業如日中天。在莊月明的悉心教導下，他們的兩個兒子也已經進入美國的大學深造，此時的莊月明最大的心願便是丈夫事業的穩固成功。

在世人看來，美滿的婚姻、如火如荼的事業，這是一對令人無比豔羨的中年伉儷。卻怎料天有不測風雲、人有旦夕禍福。1989年12月31日，夫婦二人還一同攜手參加公司的迎新年晚會，翌日下午，莊月明突發心臟病撒手人寰。年僅58歲，安葬於柴灣佛教墳場。

失去愛妻的李嘉誠悲痛萬分，淚如泉湧。香港長江實業（集團）有限公司董事會發表《通告》：「本公司創建董事莊月明夫人，學識淵博，對公司之創建及發展，貢獻卓越，深得公司同仁之愛戴。全體同仁莫不同聲哀悼。」

妻子去世後，李嘉誠為了悼念亡妻，為妻子曾經就讀過的香港大學捐贈3500萬港元，並成立了專項基金。得到捐贈的香港大學，在實施校本部擴建第4期工程時，興建「莊月明樓」，共佔地6100平方米，其中一棟樓的天臺，設計成為拱形屋頂的結構，別致優美。如今這座樓，也成為了港大一景。

死者長已矣，生者常戚戚。為了表達對妻子的深情，也為了堅守自己的愛情，李嘉誠表明自己永不續弦。

人棄我取，趁低吸納

早在李嘉誠剛剛進軍地產業時，他就預見了大量地產商過多依賴銀行貸款存在極大的風險。於是，他不顧眾人對他「保守」的評價，依然以穩健的步調興建物業，收取租金。事實證明，他的這一做法是很明智的。興建收租物業，雖然資金回收較慢，卻有穩定的收入，並且風險很低，不會隨樓市及銀行的經濟狀況出現大的波動。

1961年6月，深為李嘉誠所敬重的香港銀行家廖寶珊因親手創立的廖創興銀行發生擠兌風潮，突發腦溢血身亡。

廖寶珊是當時香港的「西環地產之王」，他在西環和中環大量購地興建房產，為了加速發展地產業，他幾乎將廖創興全部儲戶的存款全部投入地產，儲戶們擔心血本無歸，紛紛前往廖創興銀行要求提現，最終引發了擠兌風潮。

這之後，眾多地產商和銀行界人士仍存僥倖心理，未對地產風險引起足夠的認識。香港政府於1962年修改建築條例，並定於1966年正式實施。眾多地產商更加瘋狂的購地興建樓宇，準備在新條例實施前再賺一筆，從而引發了一輪建房狂潮。

這時候的李嘉誠仍然不為所動，堅持穩步發展的節奏，不投機不取巧，只賺自己應得的錢。他一面在原有物業上獲取租金，一面利用塑膠廠所得利潤投資興建新的物業，隨著新房產的不斷建成，租金源源不斷的入帳，李嘉誠在地產這片汪洋海面上平穩行駛著。

但是，其他地產投資者就沒這麼幸運了。1965年1月，香港明德銀號的破產點燃了香港房地產危機的導火線。此時，從明德銀號開始，廣東信託商業銀行宣佈破產，就連實力雄厚的恒生銀行也陷入危機中。香港的房價已較60年代初期高出數倍，在此種危機下，各大地產商紛紛拋售地產，卻無人再敢買進，結果出現了有價無市的局面。

雖然香港政府及時頒佈了調控措施，但這場銀行危機仍然持續了一年多的時間。許多地產商、銀行家在這場危機中紛紛破產。李嘉誠因為大環境的改變稍有損失，但這種損失對他而言微乎其微，可以忽略不計。這更堅定了他丟棄投機思想，追求長遠目標的經營理念。

經過一年的恢復期，到1966年底，香港銀行業逐漸恢復了元氣，樓市也隨之回暖，就在大家準備重整旗鼓，重操舊業的時候，「大陸即將武力收復香港」的謠言四起，全港上下人心惶惶。動盪的局勢加重了人們的恐慌，四處流傳戰事將起，於是引發了自二戰後香港第一次大規模移民潮。人心波動，拋售套現造成地產市場的狂跌不止。

在眾多企業家、商號等有錢階層紛紛低價賣產，爭相拋售，跑到外國另謀發展之際。李嘉誠卻並沒有選擇立即放棄，他以自己獨到的眼光時刻關注著局勢的發展。

到了這年 8 月，李嘉誠漸漸從不同管道獲得了來自內地的消息，他由此果斷判斷：香港是大陸對外貿易唯一通道，香港的現狀會趨向緩和，動亂是暫時的，港人「棄船而去」，正是「人棄我取」，發展事業的大好時機。

事實證明，李嘉誠又一次根據自己正確的判別，抓住了大好時機。在同行們面對局勢一籌莫展、眾人爭先恐後拋出手中房產這塊「燙手山芋」時，李嘉誠集中了主要資金和主要力量，做出驚人之舉：採取「人棄我取，趁低吸納」的策略，趁機搶佔市場，低價大量收購廉價地皮、樓宇，並在觀塘、柴灣等地興建大廈，全部用來出租。積極積聚力量，等待發展時機。

許多人冷眼旁觀，以為李嘉誠毫無疑問會栽一個大跟頭。也有一些人勸李嘉誠及時收手。然而，李嘉誠依然我行我素的建樓，在他名下的房產每天都在增加。讓眾人瞠目結舌的是，李嘉誠的判斷再一次中的。

這次戰後最大的地產危機，一直延續到了1969年。1970年，曙光突顯，局勢開始好轉，危機平息，社會秩序恢復，經濟開始復甦。當年離港人群再次回流，重新抬高地產、物業價格。香港百業復興，地產更是炙手可熱。

1971年，中國內地政治氣候轉晴，社會環境得到了極大的安定。1972年尼克森訪華，更是極大地改善了中國與國際關係的大環境，為香港創造了繁榮的最佳時機。此時，善於謀劃的李嘉誠已擁有的收租物業，從12萬平方英尺發展到35萬平方英尺的規模。每年租金收入近400萬港元。真正成就「一個跟頭翻上天」的神話。可以說，在20世紀60年代末期的地產業風波裡，幾乎所有的地產商都蒙受了不同程度的損失，李嘉誠卻成為其中最大的贏家。

當時，香港民眾已經開始恢復信心，政府也竭力發展新區，使之成為新興工業區。李嘉誠認為，此刻無論是地盤、資金，抑或是環境、政策都已十分成熟，決定全面進軍地產業。

1971年6月，李嘉誠成立了長江置業有限公司，集中物力、財力、精力發展房地產業。1972年7月31日，李嘉誠將長江置業有限公司更名為長江實業（集團）有限公司，李嘉誠任董事長兼總經理。自此，李嘉誠開始了其長達數十年的地產征程。

歷史往往如此，大起大落，反覆跌宕。身在其中，不由自主、隨波逐流者多；而唯有能夠洞察時勢、審時度勢，而非僥倖豪賭者，才能真正涅槃而生。

第七章 誘惑與恐懼

成功上市，高歌猛進

李嘉誠白手起家，數十年間資產超過百億。這並不是每一個人都能做到的。李嘉誠的成功，細究之，除了他個人的勤奮努力外，還和當時社會環境有著密不可分的關係，他能夠在正確的時機中做出正確的判斷，審時度勢，使事業一路攀升。如果將時局轉換到當今風雲變幻如此之快的經濟環境下，不能說李嘉誠做不到，但能肯定的是他的成功未必能夠如此順暢。

如今的李嘉誠已連續多年穩居全球華人首富寶座，他的名字更已成為了「成功」與「財富」的代名詞。在他統領的這個遍及各行各業、資產逾百萬億的跨國商業帝國中，房地產業無疑是其主要利潤來源之一。

李嘉誠自20世紀60年代正式進軍地產業後，初試牛刀的他可以說無往而不利，經歷了香港銀行風波和地產風波，其他比他更早涉足地產業的大亨都受到了較大的衝擊，唯有他平穩的度過了這兩次危機，許多人認為李嘉誠之所以在這兩次危機中毫髮無損，是因為他的膽小保守和運氣。持這樣論斷的人，殊不知李嘉誠的做法看起來保守，而隱藏在保守行為下的是他審時度勢的預見性。要控制住全力衝刺的速度，並不是件容易的事情。就是這樣看似保守的李嘉誠，卻有著很大的野心！

1889年由英國商人保羅．渣打與怡和洋行的傑姆．凱瑟克合資創辦的香港置地有限公司，初時註冊資本僅500萬港元，經過半個多世紀的發展，到20世紀50年代已經成為了香港地產界響噹噹的龍頭老大。當時置地的發展相當可觀，不僅在港內佔據著絕對霸主地位，並且在全球地產公司中排名前三，可謂是能夠「稱王」「稱帝」的超大型企業。置地公司的業務不僅涉及房地產業，還有食品銷售、酒店餐飲等各個方面，業務網路以香港為中心，遍佈全球14個國家和地區。

相比之下，李嘉誠的長實集團1972年才正式掛牌，業務範圍也僅限於塑膠業和地產業。與置地公司相比，根本就是老鼠和大象的級別，或者可以說70年代初的長實集團和香港置地有限公司，二者之間沒有可比性。然而李嘉誠卻不這麼認為，在長實集團第一次高層會議上，他便說出了自己的想法：汲取置地公司的經驗，發展壯大長實集團，目標是超越置地公司的規模並取代它。

當李嘉誠剛亮出目標牌，股東席上便響起一片質疑聲。所有人都認為這是不可能實現的。以長實集團現有的實力，根本無法和香港置地競爭。股東們一致認為，長實集團在發展中能夠超越其他同等公司，並保證不被香港置地這艘大船撞翻就算得上是成功了。

面對質疑，一向保守的李嘉誠卻顯得躊躇滿志。他之所以能夠一開局就為長實公司設立如此遠大的目標，並非是好高騖遠，而是經過認真思考的。

香港自從度過了較為嚴重的地產危機後，周邊的政治經濟形勢都趨於回暖。香港社會新一輪的經濟大繁榮時代正在醞釀之中。李嘉誠看準並抓住了這一個大好時機，他認識到，他所要發展、經營的地產業，亦即當今世界認定的「第三產業」，是一個能夠產生無形效益創造巨大財富的產業。

長實集團雖然現有規模不大，但以發展速度而言卻是數一數二的公司，並且發展勢頭強勁，堪稱「小飛龍」。置地公司的基地在香港中區，中區已然呈物業飽和之勢，難以再有作為。李嘉誠設定了一套走邊緣化路線的策略，即：集中力量發展前景大、地價低的市區邊緣和新興市鎮樓盤。等到資金雄厚了，再與置地公司正面交鋒。

「避免主力交鋒，積蓄力量，伺機而動」這便是李嘉誠制定的策略。那麼，該如何積蓄力量呢？除了堅定不移的繼續發展出租物業外，李嘉誠把目光投向了將公司上市，使長實公司成為由公眾持股的公司，利用股票市場募集社會閒散資金。這可以說是公司壯大發展的「捷徑」之一。

1972年11月1日，長實集團正式獲得掛牌資格，法定股本為兩億港元，實收資本為8400萬港元，分為4200萬股，面額每股兩元，溢價1元。長實集團上市後24小時內，股票就升值一倍多，認購額竟超過發行額的65.4倍。這個消息實在振奮人心，因為它不僅意味著公司市值增幅達一倍以上，還意味著上市這個舉措的正確性，李嘉誠的個人財富值也在一夜之間翻倍。

長實集團的成功上市，意味著該集團作為一家真正的公眾公司開始在地產業中嶄露頭角，此後，長實集團的一舉一動都將暴露在公眾的視線中，同時接受來自股票市場的監督和檢驗。身為最高領導人的李嘉誠，在做出任何一個決策前，都必須為廣大股東的利益著想，也就是說他比以前承擔了更大的社會責任。

可以說，長實集團的上市，是李嘉誠事業中邁出的至關重要的一步。在香港上市後，李嘉誠還積極爭取海外的第二上市地位。1973年年初，長實集團在倫敦股市掛牌上市。翌年6月，加拿大政府批准了長實集團的上市申請，使長實的股票得以在溫哥華證券交易所發售。

長實集團一路過關斬將，大踏步的向前進，不到兩年的時間，就全方位的完成了在香港和海外股市的集資。李嘉誠高唱凱歌，又開始了新一輪的征程。

洞察先機：股市的物極必反

李嘉誠在地產和股市的投資中大獲其利，初試股海的他就幸運的嘗到了甜頭。是時，許多分析家認為李嘉誠勢必一鼓作氣，在既得利益的基礎上加快投資的腳步，將長實集團推向更高峰。

李嘉誠沒有像眾人所認為的那樣做。已經在商海中拚殺多年的李嘉誠，以自己獨到的從商經驗清楚的意識到，任何事情都不可能是一成不變的，尤其處在變幻莫測的商海中，一片繁榮的景象下，必然隱藏著危機，一旦危機被碰觸，後果將不堪設想。

縱觀李嘉誠一路走來的歷程，我們會發現他的每一步行動、每一個決策都是慎之又慎。他似乎對一些非常樸素的規則現象瞭若指掌，比如水滿則溢，比如物壯則老。李嘉誠的行為總是自覺不自覺的遵循著一些古老的法則，讓他不斷汲取經驗，避過泥沼，從容前進。

作為成功企業家的李嘉誠和以往各時期的企業家有著很大的不同。他的內心是被中國傳統文化包裹著的，他總能夠汲取其中對自己有利的部分，再與他所處的環境結合在一起，打造成「李嘉誠式的商業哲學」，可以說，李嘉誠是一位有著「古老思想」的「新型企業家」。

20世紀70年代初的香港股市發展勢頭強勁，不斷攀升的恒生指數讓許多人一夜之間身家過億。那時的香港，是投資者的天堂，許多人在這裡實現了他們想都不敢想的財富之夢。1973年3月初，恒生指數上升至1700點高峰；不足10天，即1973年3月9日，恒指繼續攀升至1774.96點，創歷史最高峰。香港股市一年間升幅達到5.3倍。這不得不讓投資者們為之癲狂。

在巨大利益的驅動下，幾乎所有的地產商紛紛低價拋售手中的房產，以換取資金投入股市，更有甚者，將售樓花所得的所有預付款全部集中投入股市，或以地皮和房產抵押，用所獲得的銀行貸款來炒股。就連香港的普通民眾也參與到了這場「股市盛宴」中，很多人不惜出售祖業、變賣首飾，攜資入市炒股。

這時的李嘉誠雖然手握重金，卻沒有盲目入市。他採取一貫的穩健態度，在其他地產商拋售物業時，他趁低價買入後再用以物業出租，同時發行新股吸納資金。

香港的股票市場發展時間並不算長，其自身機制仍有很多不成熟的地方。任何的風吹草動都有可能引起股市的波動。鄰國的動盪不安、歐美政府首腦的更替、中國內地的政治局勢……這些因素都有可能刺激到香港股市的變化。曾有人形容那時的香港股市，是「一日數驚，起伏不定」。當時的香港股市雖然看起來一片繁榮景象，實則危機已經顯現。

1972年，滙豐銀行大班桑達士看到香港股市異常攀升時，就已指出：「目前股價已升到極不合理的地步，務請投資者持謹慎態度。」可惜的是，所有人對如此忠告充耳不聞，依舊沉浸在「要股票，不要鈔票」的喧囂之中。

物極必反。終於，緊繃著的「股弦」斷裂了。1973 年 3 月是讓許多人回思之時的扼腕一刻。為了尋求最大利益，一些不法之徒偽造股票，後來事情敗露，觸發股民大量拋售，致使股市一瀉千里。不過，當時遠東會的證券分析員分析認為：假股票事件還只是導火線，牛退熊出的根本原因，在於大量投資者的盲目入市，導致公司股票價格上升的幅度遠遠超出了公司的贏利規模，最終導致恒指攀升到脫離實際的高位。

在這之後，恒生指數從 1973 年 3 月 9 日的 1774.96 點，直線下滑到 4 月底的 816.39 點。當年下半年，雪上加霜，又因中東局勢動盪不安，引發了世界性石油危機，直接影響到香港的加工貿易業。1973 年年底，恒指再跌至 433.7 點；1974 年 12 月 10 日，跌破 1970 年以來的新低點——150.11 點。其後，雖然恒指有所回升，但再難突破五百點。

在這場股市危機中，被人們視作無價寶貝的股票，頃刻之間變成一張廢紙。這場突如其來的股市浩劫，讓許多投資者輸得一敗塗地、血本無歸，傾家蕩產者不在少數。那段時間，幾乎每天都可以在報刊上看到有人因股市失利絕望自殺的消息。全港上下籠罩在一片陰霾之中。

未被此次股災波及到的李嘉誠，毫無疑問是此次股市危機中的「勝利者」。長實集團的損失，僅僅是市值隨大市下跌，其實際資產並未受到影響。20 世紀 70 年代初期，股市對於投資者來說是一個嶄新的課題，人們表現得過於盲目樂觀、幼稚冒進。在這一點上，李嘉誠則顯示出了他高人一等的職業素質和遠見卓識。

長實集團自上市那天起，李嘉誠便將股市納入了他最重要的活動領域。日後，他的許多石破天驚的大決定，都是借助股市完成的。

《全球商業》在採訪李嘉誠時談及香港70年代的大股災，李嘉誠說：「好的時候不要把它看得太好，壞的時候也不要看得太壞。做自己應該做的事情才最重要。」在這裡，我們也能看出使李嘉誠一直處於不敗之地的，是他的「平常心」。不因外界變化而變化，不被重利打亂投資原則，也不因一時的困頓而萎靡不振。以不變應萬變，始終如一，穩步前進。

趁勢出擊：漂亮的一仗

「慎終如始」的李嘉誠平穩的度過了香港第一次的特大股災，毫髮無損，甚至取得了比預想更好的成績。

長實集團上市之初，擁有的收租物業為35萬平方英尺。到1975年，長實集團擁有的物業面積是510萬平方英尺。三年時間，翻了14倍之多。而這三年，正是香港股災爆發，經濟蕭條的時候。李嘉誠用長實集團飛速發展的局勢向外界證明了他的實力。

李嘉誠對香港經濟現象有著自己獨到的認識，他認為經濟發展是呈現一定的循環往復的規律，若干年為一週期，達到頂點後，勢必會有回落，待回落期滿，又將邁向新一輪的高潮，如此周而復始。普通人之所以難以把握這種規律，是因為摸不準經濟週期確切的時間，於是總抱著僥倖心理冒進投資，往往從最高點直接掉下來。李嘉誠向來不靠投機做生意，投資時也在自己的能力範圍內囤積財富，這種謹慎的做法，正是順應了經濟發展的規律。

能夠準確的把握時機，是李嘉誠的又一項本領。他總能透過事物發展的表面現象關注到事物的本質。這點不能不說是李嘉誠的「經商天賦」之一。

在恒生指數不斷瘋漲的勢頭下，大批地產投資者紛紛低價出售所擁有的固定資產以換取現金。李嘉誠趁勢購入了大量物業，以不變應萬變，絲毫不動搖以出租物業為主的經營理念。

股市危機發生後，香港股市地產處於低潮期，地盤價格偏低，受其影響，物業市值也偏低，李嘉誠認為，此時正是拓展業績的有利時機，這段低潮期過後，必定是新一輪的高潮。他迅速出擊，大量購入地盤。

1973年，在其他投資商們「談股色變」之時，長實集團發行了110萬股新股，共籌得1590萬元港元。李嘉誠用這其中的一部分資金收購了泰偉有限公司的中滙大廈，用以出租，年收益額達到120～130萬港元。地產業復甦後，此大廈年租金收入達500萬港元以上。

隨後，在1974年年底，長實集團再次發行1700萬股新股票，意在購買「都市地產投資有限公司」50％的股權，實際上，李嘉誠希望購買的是都市地產旗下的勵精大廈和環球大廈。之後，僅這兩座商業大廈帶給李嘉誠的年租金收益就達到了800～900萬港元。如果不是地產危機，李嘉誠購買都市地產一半的股權，絕不會如此順利。

同年，長實集團又與加拿大帝國商業銀行合作，給長實集團引來外資，為它日後拓展海外業務埋下了伏筆。

1974～1975年間，李嘉誠兩次發行新股集資約1.8億港元。充裕的現金讓李嘉誠如魚得水，他用這部分資金大力發展地產業務，購入北角半山賽西湖地盤，興建高級住宅樓和休閒區，到了樓宇興建中後期，正值香港地產復甦之時，成交量轉旺，李嘉誠將所建樓宇一次性賣空，瞬間獲利6000萬港元。

之後，李嘉誠又與新鴻基、恒隆、周大福等公司合作，集資買下了灣仔海濱告士打道英美菸公司的舊址，建成伊莉莎白大廈和洛克大廈，大獲其利。傳媒稱當時為「中小地產公司的長江實業，初試啼聲，已是不凡」，說得恰如其分。

縱觀20世紀70年代的香港經濟，充滿了大喜大悲，許多資深的企業家都在大股災中失去了依託，難以翻身。而李嘉誠卻能脫穎而出，將壓倒眾人的股災巨石化作自己的墊腳石，搏扶搖而直上。

20世紀70年代的長實集團，經過短短幾年的發展，擁有的物業和地皮面積從起初的35萬平方英尺，發展到1020萬平方英尺。而當時的香港置地有限公司名下的地產面積是1300萬平方英尺。遙想公司上市之初，李嘉誠「超越置地」的豪言壯語，實現之時已指日可待。

第八章 不賺最後一個銅板

花90%的時間考慮失敗

李嘉誠在接受《商業週刊》採訪時被問及這樣一個問題：「大家都很好奇，你從22歲開始自行創業，如今已超過五十年。幾十年間，長實集團從來沒有任何一年出現虧損跡象，而你本人也成為全球華人首富。在經營過程中，如何能保證屢次擴張業績的同時，不翻船？」

李嘉誠回答說：「我常打比方說，天文臺說今天天氣很好，但我常常問我自己，如果5分鐘後宣佈有強颱風，我會怎麼樣做，在香港做生意，就要保持這種心理準備。我會不停研究每個項目可能要面對的發生壞情況下出現的問題，所以我往往是花90%的時間考慮失敗。這麼多年來，從1950年到今天，長江（實業）並沒有碰到貸款緊張，從來沒有。長江（實業）上市到今天，假設股東拿了股息再買長實，（現在）賺錢兩千多倍。就是拿了（股息），不再買入長實，股票也超越一千倍。

「你一定要先想到失敗，從前我們中國人有句做生意的老話：『未買先想賣』，你還沒有買進來，你就先想要怎麼賣出去，你應該先想失敗會怎麼樣。因為成功的效果是100％或50％，這裡的差別根本不是太重要，但是如果一個小漏洞不及時補救，可能帶給企業想像不到的損失。所以當一個項目發生虧蝕問題時，即使資金數額不大，我也會同大家商量解決問題，所付出的時間和以倍數計的精神都是遠遠超乎比例的。

「我常常講，一塊機械手錶，只要其中一個齒輪有一點毛病，你這個錶就會停頓。一家公司也是，一個環節只要有一個弱點，就可能失敗。」

……

此篇報導一出，立刻引起了公眾界的廣泛關注。「花90％的時間思考失敗」，這句話，也成了李嘉誠本人傳奇故事的最準確注腳。

幾十年來，人們關注李嘉誠，重點都在他的商業帝國又擴張了多少倍，他的個人財富值又增長了多少億，他華人首富的位置有沒有被人取代，等等。李嘉誠對於大眾而言，是一個遙不可及的「超人」，在公眾的眼中，他的每一步發展，似乎都是風平浪靜、無驚無險，人們看不到這位「首富」在面對困境時是怎樣度過的。

李嘉誠的回答解開了大家心中的疑問，不是他沒有遇到過困難，而是在失敗來臨之前，他已經做好了迎接它的準備。未雨綢繆，才不會自亂陣腳。

李嘉誠從14歲開始打工，到22歲創業，再到44歲將長實集團上市，從茶樓夥計到塑膠花大王，再到地產大王，如果他沒有防範風險的意識，很難走得那麼順暢。李嘉誠「思考失敗」的原則也不是憑空出現的。在他創業之初，由於「重量不重質」的急功近利的思想，險些讓剛剛開辦的長江塑膠廠關門倒閉，那是他創業生涯中遇到的第一個危機。貨品積壓、債主上門的情形，李嘉誠不想再發生第二次。

自那之後，意氣風發的李嘉誠日漸變得穩重謹慎，凡事三思而後行，把可能出現的風險降到最低限度。李嘉誠說：「我是比較小心，曾經經過貧窮，怎樣會再去冒險？你看到那些人有錢拿春風得意，一下子就變窮光蛋，我絕對不會這樣做事，都是步步為營。」

1973年香港股災爆發前，一片歌舞昇平，人人都紅了眼的搶購股票。但一夕之間，眾人千金散盡，很多家庭上演了家破人亡的慘劇。李嘉誠之所以能安然度過這個特殊的時期，不是因為他運氣好，而是他的風險意識在提醒自己要怎麼做。他深諳「物極必反」的道理，在別人瘋狂購買股票的時候，他在謹慎防範著一夕崩盤的可能性。

時間對於每一個人都是寶貴的，對於日理萬機、掌管著全球五十多個國家和地區的生意的李嘉誠來說，更是如此。他能夠花大部分時間考慮失敗帶來的後果，實在是難能可貴。現在許多企業家，一心只想成功，忽視了失敗的可能性，即使出現一時的順風順水的局面，也難保不翻船，到那時將為時過晚。

李嘉誠無疑是成功的，不僅是他商業帝國的成功拓展，還有他在經營之道上所領略出的秘訣。這對一個商人來講，是最為寶貴的品質。

成功的危機處理

古人云：「安而不忘危，治而不忘亂，存而不忘亡。」

李嘉誠的早年生活可謂多災多難，小小年紀就因為戰亂不得不踏上背井離鄉的路途。父親去世後，一個人肩負起全家的生活重擔。可以說，李嘉誠是一個幾乎沒有童年的孩子。因為在極小的年紀就經歷了世間百態、遍嘗人間冷暖，這讓成人後的李嘉誠仍時常保持一種憂患意識。

少年時的李嘉誠面對的最大危機，來自生活，是如何活下去的問題。當他起早貪黑外出打工時，堅持不懈自學知識時，患了肺病獨自苦熬時，如果沒有堅強的意念和毅力來支撐他，也不會塑造出多年後被廣為人知的華人首富李嘉誠。少年李嘉誠完全把生活帶給他的危機，變為了自己「逆水行舟」的工具。

現在的李嘉誠，統領著世界級的大企業，作為成功者的他，更懂得「危機意識」對一個企業的重要性，防範風險、未雨綢繆，是一個企業取得成功的無形條件，但還有一個前提，作為企業的領導人，一定要具備面對危機的勇氣和解決危機的智慧。

1957年，李嘉誠的長江塑膠廠因為塑膠花的成功面市，一砲打響，業績節節攀升，從一個默默無聞的小廠家變成了全港矚目的「風雲工廠」。這其中還有一個小插曲。

一日，李嘉誠剛到辦公室就看到辦公桌上放著一份當日的香港《商報》，頭版標題是：「且看長江廠的真面目」。報導稱，當今市場上塑膠花招搖過市，看似紅紅火火，其工廠領導李嘉誠也大有呼風喚雨之勢。其實李嘉誠的工廠根本稱不上工廠的級別，充其量是個大雜院，設備老舊，都是歐美等國淘汰不用的機器……」看到報導的李嘉誠憤怒了。

表面上看這雖然是一件小小的同行惡意攻擊事件，但反響極為惡劣。香港《商報》在當時是有相當知名度的報紙，如果公眾看到這則新聞，將對長江塑膠廠的聲譽有很大的影響。李嘉誠當即決定，帶著長江廠生產的塑膠花找到報社負責人，要求他們對所刊登的不實資訊進行修正。報社負責人看到李嘉誠帶來的塑膠花樣品十分喜愛，派出記者專程來到李嘉誠的工廠進行拍攝採訪。

第二天，經過調查研究的全新報導出現在了《商報》的頭版。李嘉誠用事實說話，打了一個漂亮的翻身仗，並且有效利用了傳媒的力量，為自己無償做了一回廣告。

這是李嘉誠職業生涯中所遇到的第一次公關危機。他用他的精明和誠實，妥善地處理了這個棘手的問題，見招拆招、借力使力，把一場「危機」轉化為「生機」，為長江塑膠廠打出了名氣。

1967年香港局勢不穩，嚴重動搖了投資者的信心，整個香港的地價、樓價處於有價無市的狀態，建築業幾乎停滯不前。一部分港人賣房後遠走他鄉，香港面臨著一次嚴重的房地產危機。

在那個百業蕭條的年代裡，李嘉誠再次審時度勢，洞察先機。他一方面加強穩固他的大後方，讓自己的企業繼續在塑膠業中保持獨佔鰲頭的地位；一方面他有計畫有步驟地利用現金將購置的舊房翻新出租，再用所得利潤全部換取現金大量收購土地，並且採取各個擊破、集中處理的方式，使土地以點帶面、以面連片地縱橫交錯地發展。就這樣，李嘉誠以其穩健、不浮躁的審慎與膽略，穩中求進，利用經濟環境中出現的大危機，為自己的發展開拓道路。

李嘉誠無疑是強者，他有著強者的希望，有著強者的理想，有著強者的信念。他在處理每一次的危機中，逐漸建立起一個堅強的自我。終於，他的理想實現了，他的企業成功了。然而，志向有高遠，理想有遠近，企業的成功並不能阻礙李嘉誠思想的再次昇華。也正因為有著這樣一份信念，李嘉誠在面對危機時，總能「變危為機」，創造一個又一個的奇蹟。

進與退間的斟酌

面對毫無預示降臨在面前的機遇，每個人的選擇多有不同，有的人會欣然地接受，有的人保持懷疑的態度，有的人則不肯接受任何新的改變。於是各有各的結局。許多成功的契機，在萌芽之時便已經注定了結局，只有那些敏銳的，進退自如的人才能看得到它的雄厚潛力，在「行如風、坐如鐘」中賺得杯盆缽滿。

面對機遇，迅捷的搶是必要的。然而我們也應清晰的明白，我們之所以要「搶」，為的是什麼。若是對這個完全沒有概念。那麼，即便是搶過來也一無用處。李嘉誠正是由於對任何事情都看清楚再行動，所以每次都能有得意的結果。

20世紀40年代，塑膠製品開始在香港市場嶄露頭角，它有著五金製品和木製品無法取代的優勢，比如塑膠品色澤鮮豔、小巧方便、成本低廉。李嘉誠在剛剛接觸到塑膠製品時，便一眼看出了他勢必取代五金製品和木製品的趨勢。於是，年僅18歲的李嘉誠，離開五金店，跳槽到萬和塑膠公司。進入一片更廣闊的天地。如果不是對消費市場有清晰的認識，李嘉誠絕不會隨意跳槽。

「其疾如風，其徐如林，侵掠如火，不動如山。」這是一位房產業的老對手對李嘉誠的評價。這句評價較為中肯地表現了李嘉誠的行事風格。這種如同武林高手般把握其中精要的人如果冒失前進，沒有謹慎，恐怕任誰都難以相信。

20世紀60年代，香港「炒房熱」大盛，許多企業家為了投資地產，想盡辦法籌得資金投資地產，這時的李嘉誠初入地產業，看到諸如地產商過多依賴銀行等弊端，他在眾多地產商大肆建樓時，按兵不動，沒有被眼前的建房熱潮混淆視線，才能積蓄力量，等待下一次飛躍。而他的老鄉，同為潮籍商人的香港銀行家廖寶珊就沒有李嘉誠那麼幸運了。面對誘惑，廖寶珊過於狂熱的追求高額利潤，最終撒手人寰。

在這次炒房熱潮中，李嘉誠能夠巍然不動，正是因為他堅持穩步拓展地產事業的方針，面對誘惑不冒進，在別人全部擠到前排時，李嘉誠審時度勢，按兵不動，待到別人被前排的大風大浪打回原處時，看似原地不動的他，自然站在了眾人之前。可見，在人生的每一次關鍵時刻，審慎地運用智慧，做出最符合時局的正確判斷，才能走向成功的寶座。

經營一家企業，一定要意識到很多民生條件都與其業務息息相關，因此審慎經營的態度非常重要，而歷數李嘉誠的每次投資、收購，都無不給人以啟發。由此，李嘉誠的「擴張中不忘謹慎，謹慎中不忘擴張」的思想開始為人們所青睞。雖然李嘉誠一生有數次極大的冒險，並且被人們稱之為「豪賭」，但人們還是認為「穩健才是李嘉誠成功的法寶」。

李嘉誠說：要做足準備工夫、量力而為、平衡風險。三句話一氣呵成，讓在穩健中求發展成為一條鐵的定律。

在李嘉誠的經商之道中，最為有名的現身說法便是「好謀而成、分段治事、不疾而速、無為而治」。很明顯，其中涵蓋著很強的哲學思想。如果仔細分析一下，我們會發現，儘管商界瀰漫著濃厚的求快氣息，激烈競爭的最終勝出者卻往往是坦然行事、張弛有度的人。這好比，武林高手過招雖說要快於無形，但如若一味蠻打則必然失敗。

只有在快中把握節奏，不疾而速才能以犀利取勝。李嘉誠為「不疾而速」賦予了新的商戰意義：由於已有充足的準備，故能胸有成竹，當機會來臨時自能迅速把握，一擊即中。

20世紀60年代後期，香港大興移民潮，無數人選擇逃亡、遷移。只有李嘉誠沒有行動，在不疾而速中選擇了一條冷靜的捷徑——「人棄我取」。大手筆的地產投資讓李嘉誠實現了有如人生里程碑似的又一次騰躍。

「人棄我取」、「人進我退」，這些簡單的道理，正與我國古代「大盈之下必有大缺」的樸素哲學思想不謀而合。

第4篇 強勢的企業生長

（1977年49歲～1998年70歲）

李嘉誠是全球華人首富，他的財富令世人仰慕。旁人只是看到了他頭頂光鮮亮麗的光環，卻不知道他為此付出了多少努力。

李嘉誠用了20年時間，帶領著長實集團，從一個初入地產業的小公司，變為引領全港華資企業的大財團。李嘉誠做生意，一是誠實守信，絕不用狡猾的手段去賺一分錢；二是有長遠的眼光，沒熟透的果子，絕不提前摘取；三是不逞一己之強，他謙虛謹慎，與人合作，善於凝聚眾人的智慧和力量，向共同的目標奮進。

第九章 讓靈魂跟上腳步

困難重重也要做

1977年年初的某天清晨，年近50歲的李嘉誠信步走在自家的庭院。這天他沒有像往常一樣驅車去高爾夫球場打球，他獨自站在冬日略微凜冽的微風中，看著遠方越升越高的太陽，思考著困擾了他幾個月的問題。

1976年下半年，李嘉誠得知了一個重大消息：香港地鐵公司即將公開招標車站上蓋發展商。此消息一出，立即被香港各界吵得沸沸揚揚。就在前不久的耶誕節當天，香港地鐵公司宣佈，招標儀式將在1977年1月14日正式舉行，拆建原郵政總局，興建車站上蓋物業。此時的李嘉誠心中極不平靜，離競標日期還剩不到一個星期的時間，他雖然在此前做了大量的準備工作，但真正的贏家只能有一個，這會不會是他領導的長實集團呢？畢竟，這次的對手是強大的香港置地有限公司。

李嘉誠步出庭院，走到不遠處的一處高地，看著眼前霧氣濛濛的海灣，潮水的起伏聲在他耳邊迴響。他彷彿看到位於香港中區的渣打站和金鐘站屹然矗立起兩幢由長實集團投資興建的大樓。如果這次能夠競投成功，將意味著長實集團的聲譽又將更上一層樓。李嘉誠還記得，在長實集團剛上市時，他在公司高層會議上立下的「超越置地」的目標。現在，開戰的時刻到了，李嘉誠雖然看到這是一場困難重重的戰爭，但他仍然決定要大幹一場。

地鐵工程，是香港自開埠以來最浩大的公共工程。工程期計畫8年時間。如此巨大的工程必然需要耗費巨大的資金才能完成。此次工程資金，主要有三個來源：一是由港府擔保獲得的銀行長期貸款，二是透過證券市場售股籌資，三則是與地產公司聯合發展，利潤充股。

此次地鐵公司公開招標的，便是全段地鐵最重要、客流量最大的渣打站和金鐘站的上蓋興建權。

曾有人很形象的比喻說，渣打站、金鐘站，就像一隻雞的兩隻大腿，其上蓋將可建成地鐵全線盈利最為豐腴的物業。巨額利潤擺在眼前，香港各大地產商無不摩拳擦掌、躍躍欲試。

李嘉誠也不例外，但和眾人只重盈利的想法不同的是，李嘉誠更希望此次競投能夠帶給長實集團更大的聲譽。一直以來，長實集團在地產業的形象都是在市區邊緣買地建房的中小型公司。在「寸土尺金」的香港中區，根本容不得長實集團半點立錐之地。此次招標的渣打、金鐘兩地，正位於該地的黃金地帶，如果能一舉拿下這個項目，長實集團的發展態勢將不可限量。

既已決定放手一搏，屬於「行動派」的李嘉誠馬上投入到各方面的研究中。要想創造取勝的可能，必須取得足夠的籌碼。正所謂「知己知彼，百戰百勝」，他準備了一手近年來地鐵建設方面的研究資料和有關對手詳細資訊的各種報導資料。李嘉誠估計，此次競投，華資地產商的實力稍弱，主要對手將是以置地、金門、太古為代表的英資地產大老，而其中又屬置地的實力最強。

當時的地產界流行著這樣一句話：「撼山易，撼置地難。」香港置地有限公司根基深厚，是香港地產界「地王」級的大公司。其最主要的發展基地便是此次地鐵招標的香港中區，僅在此區，置地公司就擁有十多幢摩天大樓，委實是財大氣粗。據測算，置地擁有的渣打花園廣場，與未來的金鐘站僅相距100米，置地勢在必得的決心十分明顯。

當時香港各大報刊媒體幾乎所有的報導一致偏向了置地公司。在傳媒眼中，這是場毫無懸念的競投。置地公司更是擺出一副「志在必得」的架勢。

李嘉誠面對如此嚴峻的形勢，一度感到失望，但細心的他，發現了一個不易被外人察覺的置地公司的弱點。他想，也許透過這個弱點，可以給置地公司沉重的一擊。

置地公司從屬於怡和系，現任大班是同時兼任怡和大班的紐壁堅。怡和的第一大股東長期將發展重點放在海外市場，因此身兼兩大班重任的紐壁堅因為市場和股東的制約，精力似乎顯得過於分散。另一方面，置地一貫的優越性決定了它的地位也導致了它的自負，因此在做競投方案時，置地未必能夠冷靜的分析合作方並屈尊配合。

另外，李嘉誠還仔細研究了招標方地鐵公司此次招標的真正意圖是因為現金不足。港府工務局對此地的上蓋工程進行估價之後，根據通常法則，要求購地款必須全部現金支付。這著實讓地鐵公司不堪重負了。對於有如此光明的發展前景的工程，地鐵公司自然也和其他地產大亨一樣，想要由此發家致富，但苦於作為公辦公司，它的一切程序必須根據規則進行。這才走投無路，不得不招標以籌得現金。

看清了各方態勢後，李嘉誠鄭重地在投標書上寫下了自己的競投方案：第一、將招標的渣打、金鐘兩個地盤設計建成一流的綜合性商業大廈；第二、長實集團將首先滿足地鐵公司的需求，提供現金作購地費；第三、建設工程完工後將大廈全部出售，利益所得，地鐵公司佔 51％，長實集團佔 49％。這點打破了長久以來合作雙方一比一分享利潤的慣例。事後看來，這 1％的讓步，在整個投標過程中起了關鍵的作用。

後來，李嘉誠把讓利 1％的經驗傳授給兒子李澤楷時說：「假如拿 50％是公平的，拿 51％也可以，但如果只拿 49％，就會發大財。」李嘉誠給兒子的這句話說出了賺錢的最高境界，不是盈利，而是讓利。大家都知道，賺錢的過程，實則是一個不斷爭搶的過程，不管是什麼方式的討價還價，最終的目的都是賺得更多的財產。但偶爾的不爭，卻能為自己贏來更多的機會，有了賺錢的機會，還怕賺不回最初讓出去的那一部分嗎？李嘉誠從經商的角度，完美詮釋了「不爭即爭」的道理。

1977年1月14日，地鐵招標正式開始，共計30家公司參與競投，招標規模超過以往政府招標的一倍以上。

此時，人們的關注點仍舊集中在置地公司。有記者採訪紐璧堅，打探投標內容，詢問他對結果的預測，紐璧堅對此不予過多透露和評價，僅僅滿臉自信地說道：「投標結果就是最好的答案。」一字字有力，儼然未戰先勝的王者姿態。

1977年4月4日，地鐵公司董事局主席唐信召開記者發佈會，宣佈此次招標工程將與長實集團合作。他說：「若干間公司均對與本公司合作甚感興趣，因而競爭激烈，所有建議均經詳細研究，結果卒為長江獲得，因其建議對本公司最具吸引力。」

結果一出，輿論譁然。翌日各大報刊均摒棄置地轉而報導長實。「長實擊敗置地」、「長實一鳴驚人」、更有媒體將長實集團稱為「民族企業界的英雄」。

無疑，這次的地鐵競投結果，使長實集團獲得了進軍中區地產界的資格，是其發展史上的一大里程碑。同時，上蓋物業帶來的純利近0.7億，更是給長實的發展奠定了扎實的資金保障。這一戰，不僅讓長實有了飛天式的起步，更為它贏得各大銀行的信任，為它的持續發展創造了大大有利的條件。

只有朋友，沒有對手

李嘉誠馳騁商海幾十年，如今的他已經86歲高齡。如果細數他成功的條件，除了勤奮、遠見、謹慎、堅韌之外，恐怕還要加上他與人為善的人格魅力。

李嘉誠素以為人謙和的形象出現在公眾面前，即使如今的他早已成為世界級的財富大亨，仍不改謙謙君子般的行事作風，對人親切、隨和。大凡與他接觸過的人，都對他的人格魅力讚賞有加。在李嘉誠的處事原則裡，「只有朋友，沒有對手。」

長期以來，李嘉誠並非是始終單打獨鬥的獨鬥英雄。他會根據不同情況，選擇與不同的朋友合作，李嘉誠選擇合作方有一個重要的條件，他一定會透過合作實現雙方利益的雙贏，如果僅考慮自身的利益，必然會得了利益，丟了朋友，這對李嘉誠而言，是得不償失的事。

在眾多的企業家中，與李嘉誠合作最多的要數船王包玉剛、珠寶大王鄭裕彤、糖王郭鶴年等大老級人物。如今的李嘉誠身價和名氣已經超過了這些曾經的朋友兼對手，但在20世紀70年代時，李嘉誠不論從聲譽還是實力上來講，都遠遠不及船王包玉剛。

包玉剛「船王」的名號不能小覷。是時，他擁有50艘油輪，一艘油輪的價值就相當於一座大廈。根據1977年吉普遜船舶經紀公司的紀錄，包玉剛的資產排在當年世界十大船王之首，「船王」的稱號名副其實。

作為與李嘉誠同等優秀的企業家，包玉剛對時局的把握也是相當精確。1973年爆發的世界性石油危機，促使英美等國紛紛減少對中東油田的開採和依賴，分別開發本土油田以降低成本，同時，亞洲拉美亦有油田相繼投入開採。由於油輪是包氏船隊的主力，到20世紀70年代後期，越來越多的油輪閒置。包玉剛敏銳意識到，一場空前的航運低潮將會來臨，於是他決定，「減船登陸」，套取現金投資地產業。他的第一個投資目標，便是怡和財團控股的「九龍倉」。

與包玉剛同時看好「九龍倉」這個香港最大的貨運港的還有李嘉誠。李嘉誠之所以會注意到「九龍倉」，還得益於他的老對手——香港置地有限公司。當時的怡和系，有著名的「兩翼」之說，分別是九龍倉和置地。但九龍倉和置地在控股結構上又是不相等的，怡和控置地、置地控九倉，置地擁有九龍倉兩成的股份，還有八成的九龍倉股流散在外。也就是說，誰能收購超過半數的九倉股，誰就擁有了收購九龍倉的可能性。

九龍倉資金雄厚，規模龐大，他的產業遍佈大半個香港，同時擁有自己的露天貨場、深水碼頭和貨運倉庫。包玉剛看中的正是九龍倉強大的產業鏈，而李嘉誠更重視的是若能一舉收購九龍倉，則會大大增強長實集團與置地抗衡的能力。

雖然九龍倉看起來有如沉睡的大象般不可撼動，實則它有一個極為致命的弱點，就是它的股票發行很不合理。李嘉誠精於地產股票，他曾細算過一筆帳：從1977年年末到次年年初，九倉股市價介於13～14港元之間。而九龍倉發行的股票不到1億股，就是說它的股票總市值還不到14億港元。九龍倉所在地點是九龍最繁華的黃金地段，當時的同檔次官方地段拍賣落槌價是每平方英尺6000～7000港元，若按這個價格計算，九倉股的實際價值應該是每股50港元左右。

所以說，若能合理開發九龍倉舊址地盤，將來價值一定不菲。李嘉誠很清楚，即便是以高於時價的5倍價錢買下九龍倉股，也是一筆很划算的買賣。因此，李嘉誠不動聲色，逐漸從散戶手中買下了約2000萬股的九龍倉股。

李嘉誠對九龍倉股的吸納，採取的是分散戶頭暗購的方式，一切都在暗中進行。如若打草驚蛇，以怡和的實力，收購九龍倉只能是妄想。數月之內，李嘉誠手中的九龍倉股，已經約佔到九倉總股數的20％。此時，包玉剛、鄭裕彤等華商也在悄悄吸納九龍倉的股票，誰也不知道別人的底牌究竟是多少。如果照此態勢，過不了多久，即將展開各大華商爭奪九龍倉的戰役。

但世事怎能盡如人意？九龍倉股成交額與日俱升，引起不少證券分析員的關注，九龍倉一時間便被炒高。大戶小戶紛紛出馬，再加上職業炒家的不斷介入，到1978年3月，九龍倉股急速竄到每股46元的歷史最高點，而這已接近九倉股的每股實際估值了。如果李嘉誠繼續吸納九龍倉股，將會超出他的財力範圍。無奈之下，李嘉誠只有等股價回落，再以稍低的價格繼續增持九龍倉股。

這時，「沉睡的」怡和終於意識到各大華資財團想要收購九龍倉的意圖，急忙展開反收購，意欲以高價回收九龍倉股。但今日之怡和，不似往日之怡和。數十年間，怡和奉行「賺錢在香港，發展在海外」的政策，以致海外投資的戰線過長，一時制約了現金周轉。慌亂之中，怡和向港島第一大財團——滙豐銀行伸出求救之手。致使滙豐從側面加入到收購九龍倉這場混戰之中。

此時傳出小道消息：滙豐大班沈弼親自出馬，奉勸李嘉誠放棄對九龍倉的收購計畫。李嘉誠審時度勢，認識到如果同時樹怡和和滙豐兩大強敵，對將來自己的發展著實不利，長實日後的發展，還必須倚靠滙豐的支持，如若一意孤行，不但拂了滙豐的面子，最終也會導致滙豐貸款支持怡和，九龍倉之戰就將落得個竹籃打水一場空的結局。李嘉誠經過一番審慎考慮，答應沈弼，停止收購，長實集團鳴金收兵。

李嘉誠已經為手中現有的2000萬股九龍倉股票想好了歸宿。他致電包玉剛，準備跟他做一筆划得來的生意。1978 年 8 月的一天下午，李嘉誠和包玉剛兩位華商才俊在中環文華閣會面了。李嘉誠開誠佈公的表示自己有意將持有的 1000 萬股九龍倉股票出售給包玉剛。李嘉誠投其所好，精明的包玉剛也同樣明白李嘉誠需要的是什麼。

於是，兩人達成協議：李嘉誠將持有的 1000 萬股九倉股以總價 3 億港元的價格轉讓給包玉剛；包玉剛則協助李嘉誠從滙豐銀行承接和記黃埔的 9000 萬股股票。

借助李嘉誠、鄭裕彤等華商的力量，包玉剛於 1980 年成功購得九龍倉的控股權。李嘉誠也依靠包玉剛的幫助，為他下一步入主和記黃埔做足了準備。

曾有人戲稱此次的九龍倉大戰，李嘉誠可謂是「一石三鳥」，聰明至極。先是賣了滙豐銀行這個人情，又結交了包玉剛這個朋友，最後還在一買一賣間坐獲 5900 萬港幣大利。李嘉誠的經商智慧可見一斑。

眼界決定格局

在我國歷史上有很多著名的以少勝多的戰役，比如鉅鹿之戰、官渡之戰、赤壁之戰、淝水之戰等等。在李嘉誠的經商史中也有這樣的例子，他成功收購當時港島第二大英資洋行——「和記黃埔」，便是著名的以少勝多、以小搏大的事件。李嘉誠也由此贏得「超人」

的稱號。

香港的和記黃埔在組成上包括和記洋行和黃埔船塢兩大部分，擁有資產60多億港元，同時，它還是香港十大財閥所控的最大上市公司。

和記洋行成立於1860年，以從事英產棉毛織品、印度棉花以及中國茶葉等進出口貿易為主，也涉及本港零售業，到20世紀30年代時，已有下屬公司20多家。而黃埔船塢有限公司的歷史，則可以追溯到1843年，起於銅鑼灣怡和碼頭，後來在遷址的過程中，幾經增資合併和不斷易手，到20世紀初，已成為香港三大船塢之一。二次大戰結束後，和記洋行歸入黃埔船塢，並稱「和記黃埔集團」。

1969～1973年，和黃集團展開了一連串令人應接不暇的收購大戰。收購場面固然不小，但實際上此時的和黃卻是個「食慾過盛，消化不良」的商界「大鯊」。由於公司決策層不善經營，導致不少子公司效益負增長，使公司背上了不小的債務。再加上1973年不請自來的大股災和隨後的世界性石油危機，終於使和黃集團不堪重負，陷入了財政泥沼，無力自拔。緊接著是連續兩年的嚴重虧損，損失金額達2億港元之多。

1975年8月，和黃以33.65%的股權為條件，換得滙豐銀行1.5億港元的貸款解救自身危機。至此，滙豐成為了和黃最大的股東。當時各大港商都對和黃這塊「肥肉」大感興趣，但都礙於滙豐強大的實力，不敢貿然進攻。

精明的李嘉誠很清楚，滙豐控制和黃的時間不會太久。因為根據公司法、銀行法的相關規定，銀行不能從事非金融性業務。債權銀行有權接管已經喪失償債能力的工商企業，但當該企業走上正常經營軌道之後，必須將其出售給原產權所有人或是其他企業，而不能長期控有該企業。

很快，李嘉誠就如願以償。他得到可靠消息，滙豐銀行已決定待和黃財政好轉之後，會選擇合適的時機和對象，將所持有的大部分和黃股份轉讓出去。

當時李嘉誠長實集團的資產總額為6.93億港元，而和黃集團市值總價高達62億港元，許多比長實集團實力更雄厚的大企業都沒能實現這次收購，資金不足7億港元的李嘉誠卻做到了，難道「李超人」真有神力嗎？

這裡就不得不佩服李嘉誠看待事情的長遠眼光了。一個企業領導者如果每次能多考慮事情發展的一兩步，這個企業就穩賺不賠了。而李嘉誠總會考慮得更深遠，超前五步、甚至十步。這就不難理解，儘管長實與和黃實力相差懸殊，但最終能成為和黃最大股東的「奇蹟」不是偶然。早在李嘉誠與包玉剛合戰九龍倉時，李嘉誠就與船王結盟，使包玉剛促成滙豐轉讓和黃大批股份給長實集團。如今，結盟的力量顯現出來了，事情出奇的順利。

1979年9月25日夜，在長實集團總部的會議室，李嘉誠召開盛大的記者發佈會，他萬分激動的宣佈：「在不影響長江實業原有業務基礎上，本公司已經有了更大的突破——長江實業以每股7.1元的價格，購買滙豐銀行手中持佔22.4%的9000萬普通股的老牌英資財團和記黃埔有限公司的股權。」

李嘉誠成功收購和黃集團，也與他平日與人為善的處事風格密不可分。時任滙豐銀行大班的是被稱為滙豐史上最傑出大班的沈弼。他在平素與李嘉誠的交往中就極欣賞李嘉誠不貪私利的人品。沈弼在9月26日接受《工商晚報》採訪時說，之所以將和黃交付李嘉誠的原因，是相信他有能力將和黃帶出困境，他說，李嘉誠是能夠做到為和黃集團整體利益考慮的人。

事實勝於雄辯。和黃股權交易的第二天，其股票大熱，進而帶動大市，當日恒生指數直升至25.69點，成交額達4億多港元。足可見股民們對李嘉誠的信任程度。

當時的香港媒體競相報導這一商界奇聞。《信報》在評論中指出：「長江實業以如此低價便可控制如此龐大的公司，擁有如此龐大的資產，這次交易可算是李嘉誠先生的一次重大勝利……購得這9000萬股和記黃埔股票是長江實業上市後最成功的一次收購，較當年收購九龍倉計畫更出色。李嘉誠先生不但是地產界強人，亦成為股市炙手可熱的人物。」

1981年1月1日，李嘉誠被選為和記黃埔有限公司董事局主席，成為香港第一位入主英資洋行的華人董事，而和黃集團也正式成為了李嘉誠長實集團旗下的子公司。

對此，美國《新聞週刊》在評論中說：「億萬身價的地產發展商李嘉誠成為和記黃埔主席，這是華人出任香港一間大貿易行的第一位，正如香港的投資者所說，他不會是唯一的一個。」

英國《泰晤士報》報導稱：「近一年來，以航運鉅子包玉剛和地產鉅子李嘉誠為代表的華人財團，在香港商界重大兼併改組中，連連得分，使得香港的英資公司感到緊張。……有強大的中國做靠山，這些華商新貴們如虎添翼，他們才敢公然在商場與英商較量，以獲取原屬英商的更大的經濟利益，這使得香港的英商分外不安。連世界聞名的怡和財團的大班大股東，都有一種踏進雷區的感覺。英商莫不感嘆世道的變化，同時，也不能不承認包玉剛、李嘉誠等華商，能與英國商界的優秀分子相提並論。」

入主和黃後的李嘉誠也用優秀的業績證明了自己超凡的商業頭腦和卓越的經營管理能力。他未加入和黃時，1978 年和黃集團年財政綜合純利為 2.31 億港元；1979 年他加入後和黃利潤上升為 3.32 億港元；到 1983 年，李嘉誠加入的 4 年後，和黃純利潤達 11.67 億港元，是未加入前的五倍多；1989 年，和黃集團純利達到了 10 年前的十多倍。滾滾的財源、豐厚的經濟利潤，讓李嘉誠贏得了和黃上下的高度讚賞。

李嘉誠收購和黃集團與意圖收購九龍倉完全不同，這次他以小搏大、以弱勝強，猶如燭之武退秦師般兵不血刃拿下英資企業控股權。事後，有人寫下一副對聯：高人高手高招，超人超智超福。這副對聯雖然算不上工整，然而其中的「超人」之稱，竟在民間不脛而走，李嘉誠遂被人們冠以「李超人」的名號直至今日。

獨具慧眼的大手筆

從長實集團成立的最初，李嘉誠就已暗下決心，意攀「香港地王」的高峰，並且明確以業界素有「地王」之稱的英資企業——香港置地有限公司，作為最大的競爭對手和趕超目標。初上市時的長實集團，擁有物業的面積僅為35萬平方英尺，以此來超越置地無異於癡人說夢。經過七年的發展，到1979年，長實集團物業總面積達1450萬平方英尺，超過「地王」置地公司150萬平方英尺。不到10年時間，長實集團就實現了趕超置地的目標。深感欣慰的李嘉誠內心被喜悅激蕩著，同時，他也清楚的認識到這僅僅是物業擁有量上的勝利，要論整體實力，長實和置地還有很多差距。面積上的趕超，只是超越置地的其中一個環節。

1978年，香港政府開始大力推行「居者有其屋」計畫。一時之間，「興建大型屋村」成為一股強大的潛在商機，李嘉誠意識到，這極有可能會是他成就香港地王霸業的最佳契機。於是在成功入主和黃集團之後，李嘉誠逐漸將興建屋村的計畫提了上來。

港府所謂的「居者有其屋」，是擬採取半官方的房委會和私營房地產商同時建房的政策。

前者所建房產為公共住宅樓宇，用於廉價出租或售予較低收入者；後者所建房產為商業住宅樓宇，主要針對中高端消費群體。李嘉誠的大型屋村計畫，就是因此應運而生的。

經過分析，李嘉誠得出，在港島北岸的東區、西區、中區，地盤較為凌亂，不易形成規模。如果要建大型屋村，那就只有到港島南岸、東西兩角，九龍新界等位置去發展。事實上要興建大型屋村並不難，難的是如何能獲得整幅的大面積地皮。因為興建一個完整的大型屋村，除了屋村主體之外，還要在周邊興建相當完善的配套機構和社區服務物業，比如醫院、銀行、學校、超市、車站等等。

他在伺機等待，而機會已慢慢靠近，李嘉誠又一次充分展示了他把握機遇的果斷雄風，將其在香港地產業的幾個大手筆揮灑得淋漓盡致。

第一個大型屋村計畫：黃埔花園。

1981 年 1 月 1 日，李嘉誠被選為和記黃埔有限公司董事局主席。李嘉誠收購和黃集團的動機之一，便是看中了它的土地資源。早在李嘉誠入主和黃之前，和黃集團就曾嘗試在未開發過的原黃埔船塢舊址上興建黃埔新村，但因種種因素，未能順利實施。李嘉誠出任和黃董事時，正值地產高峰期，地價昂貴，根據港府改工業用地為住宅和商業辦公用地須補差價的規定，如果此時興建屋村，至少需要補入近 30 億港元。權衡利弊，李嘉誠決定延遲黃埔花園的建設。

兩年後，地產業轉入低潮期。在別人為低價下跌苦惱之時，李嘉誠精神大振，他立刻赴港府進行正式談判，最終結果以約4億港元的價格獲得了黃埔船塢的住宅商業開發權。到了1984年，中國政府與英國首相柴契爾夫人簽訂《中英聯合聲明》，香港的前景更是驟然明朗，恒生指數回升，地產業必然大興。

年底，李嘉誠宣佈：投資40億港元，於黃埔船塢舊址興建黃埔花園屋村。該大型住宅區佔地19公頃，擬建94幢住宅樓宇，樓宇面積約760萬平方英尺，共計11224個住宅單位，附有2900個停車位及170萬平方英尺的大型商廈。屋村將擁有獨立的商業中心。整個計畫共分12期，至1990年全部完成。黃埔花園在當時被稱為香港最龐大的屋村工程，甚至超過政府所建屋村，在世界範圍內都屬罕見。整個項目預計將獲利60億港元左右。

第二個大型屋村計畫：麗港城。

麗港城屋村的最初計畫早在李嘉誠著手收購和黃時就已萌芽，最終在1988年正式推出，李嘉誠整整經歷了10年的耐心等待與精心籌畫。

1985年，李嘉誠透過旗下的和黃集團成功收購港燈公司，並計畫利用港燈公司，透過其位於港島南岸的鴨脷洲發電廠現址發展地產。與之相連的有殼牌石油公司油庫和新界觀塘茶果嶺。李嘉誠經過一番複雜的遷址換地計畫，茶果嶺和鴨脷洲兩座大型屋村地皮終於歸於長實名下。

茶果嶺屋村定名為麗港城。麗港城總佔地面積約8.7公頃，樓宇總面積約620萬平方英尺。其中屋村單位面積640～920平方英尺，共有8072個單位。附近投建16.1萬平方英尺的大型商廈。麗港城建成後將作為高級住宅區，同時設有屋村私人俱樂部。

第三個大型屋村計畫：海怡半島。

鴨脷洲屋村最終定名海怡半島，佔地面積較麗港城大了許多，總約15公頃，總樓面積也遠超過麗港城，共787萬平方英尺，興建38幢28～40層住宅樓宇，共計10450個單位，單位面積約在600～1100平方英尺之間。附近配設31.2萬平方英尺面積的商廈、俱樂部、網球場及游泳池等。

麗港城和海怡半島這兩大屋村總投資達110億港元，其中麗港城45億，海怡半島65億。如此大手筆再次轟動香港。據長實估計，按同類樓宇1988年時價1000港元／平方英尺計，兩大屋村所獲純利可達50億港元，已大為可觀。然而實際發售結果遠遠超出長實預算。1990年5月，麗港城首期發售，以每平方英尺1740港元售價，一時間炒家、居戶爭相搶購，形勢急漲。及至1993年，麗港城售價已漲至每平方英尺4300港元，海怡半島則在3300～3500港元之間。長實獲利巨豐，然若將建築成本及售房成本皆有上漲等因素考慮在內，麗港城與海怡半島的最終利潤超過百億港元。著實令香港地產界眼紅了一把。是時，香港媒體稱譽「唯超人才有如此大手筆」，誠然。

第四個大型屋村計畫：嘉湖山莊。

嘉湖山莊原名天水圍屋村，其原址便是位於新界元朗以北、與深圳西區僅一灣之隔的天水圍。早在1978年長實與會德豐洋行合作之時，便已共同購得天水圍地皮。第二年，中資華潤集團又購得51％的股權，於是長實、會德豐、華潤、大寶地產等多家公司合作組建了巍城公司。與華潤相比，長實明顯處於劣勢，僅持有12.5％的股份。而作為巍城最大股東的華潤集團，對於天水圍的開發早已是胸有成竹，視如探囊取物般意欲大幹一番。其集團高層也計畫在未來15年內徹底改造天水圍，使之成為一座可容納50萬人口的新興城市。

當時的李嘉誠，正在集中精力收購和黃，因此無暇顧及天水圍。華潤集團一路長驅，未遭阻礙，開局頗為順利。後因其對香港地產業缺乏足夠的瞭解和經驗，最終於1982年7月，被港府收回天水圍488公頃土地，將其中40公頃土地作價8億港元重新批給巍城公司，並要求其必須建成價值15億港元左右的建築群，12年內完成，如果無法完成，港府將會無償收回土地。

之後，港府又再次調整政策，巍城各大股東均認為天水圍屋村已無利可圖，紛紛拋出手中股票。此時的李嘉誠再一次將堅持進行到底，一方面靜觀形勢變化，另一方面，不斷買進股東拋出的股份。到1988年，李嘉誠所有股份增至49％，幾乎與華潤持平。

1988年12月，李嘉誠與華潤就天水圍屋村的開發簽署協定：長實保證在天水圍屋村工程中，華潤方面7.52億港元的獲利，並且動工之前由長實預付許諾利潤的75％：如果最終實際售價高於協定範圍，雙方可共用超額部分的利潤，華潤佔51％。

此時距港府規定的12年竣工期限只有6年。李嘉誠壓力巨大，香港地產界無不揣測，此番李嘉誠將損失慘重，畢竟天水圍屋村工程不是一蹴而就的事情。

然而李嘉誠似乎早已習慣於創造奇蹟，這一次他又用實際結果讓人們為之讚嘆。1995年，天水圍屋村工程——嘉湖山莊全部建成，工程速度之驚人，港界稱譽。

嘉湖山莊總樓面1136萬平方英尺，擁有58幢商業和住宅樓宇，具有6.5萬人口的容納力，至今仍是香港最大的私人屋村。

除了上述四個大型屋村外，李嘉誠還在80年代推出了紅磡鶴園、滙景花園等幾個較小型屋村。

李嘉誠大建屋村，樁樁堪稱業界大手筆，其中尤以四大村屋的建成最令人矚目，長實獲利巨大，而數年鍥而不捨的漫長等待，顯示了李嘉誠的自信與眼光，瞅準時機，閃電出手，更是李嘉誠多年商場磨練出來的驚人膽識與果斷作風的充分發揮。

進與退的巧妙法則

縱觀20世紀70～80年代的香港地產業，猶如翻看一部戰爭史。出場人物眾多，刀槍棍棒，喊殺聲一片。能代表當時香港地產業的一線企業無一例外的都捲入到這場混戰中，如滙豐銀行、置地公司、和記黃埔、怡和財團、長實集團、會德豐洋行、港燈公司……眾企業「你方唱罷我登場」，轟轟烈烈，在那個風雲際會的時代，上演了一幕幕為利益而戰的絕好戲碼。

在這場大混戰中，有人捉襟見肘，窮於應付，如香港「地王」置地公司；有人雄霸一方，立穩腳跟，如後起之秀長實集團。

長實集團之所以能從眾多企業中脫穎而出，從一個靠塑膠業發家的私營小公司，躋身到香港地產業大亨行列，除了時代賦予的機遇外，不能不說是李嘉誠的功勞。幾年之內，李嘉誠帶領著長實集團戰九龍倉、收和黃、敗置地、聯滙豐、收港燈……動作之大，幾乎每次都能轟動港島，他常能於不動聲色間完成收購之戰，兵不血刃，不戰而勝。

李嘉誠常勝之策，有十六字真言：審時度勢、謙虛謹慎、不動聲色、靜待時機。最能體現這十六字真言的一役，非長實收購港燈之戰莫屬。

1979年，李嘉誠成功入主和記黃埔之後，在香港地產界可謂順風順水，他趁勝追擊，又進行了一連串的大型投資。這一年之內，他的投資涉及會德豐大廈、告士打道、杜老志道、謝斐道、香港水泥廠，成功收購將近20座位於九龍、新界等地的大型樓宇，獲得沙田廣九鐵路維修站上蓋興建權……不到一年時間，李嘉誠用他超人般的精力和智慧，讓自己站在了香港商界的霸主高壇之上。

在李嘉誠一路猛進之時，一向被他視為最大競爭對手的香港置地有限公司卻因自身原因陷入了困境。各大華商集團的迅速興起，對置地乃至其上級公司怡和財團都構成了不小的威脅。香港地鐵公司招標失利、反收購九龍倉股票失敗，無疑對它都是沉重的一擊，這也使置地公司不得不重視華商的力量。置地公司為了扭轉和各華商集團競爭落於下風的不利局面，開始了新一輪的大型擴張，準備一舉重奪霸主之位。

置地公司長期以來將發展重心定在海外，戰線過長加上海外投資效果不明顯，便重新回到香港市場，一舉擁有了電話公司、港燈公司的控股權。然而在大肆收購過程中，置地對市場估計過於樂觀，雖然此舉使自己在港投資範圍擴大，但大量的銀行貸款，也使它背負了160億港元的債務。

本來，像置地這般規模的大公司背負貸款是司空見慣的事，只要地產業和股市行情繼續看好，置地還債、賺錢都是十拿九穩的事。但世事往往難料，「十拿九穩」中剩下的那一穩竄了出來。

隨著1982年柴契爾夫人訪華與中國領導人首談香港問題，中英關係開始發生微妙的變化，引發香港移民潮再次出現，促使香港地產市場出現下滑。加上此時歐美市場經濟不景氣，波及到香港市場。這些始料不及的變化，使置地公司剛剛興建的大批物業無人問津，資金回收遙遙無期，償還所欠貸款更是難上加難。

置地公司作為怡和財團的「兩翼」之一，出現如此窘境，真是讓怡和財團有苦難言。怡和果斷採取措施，從內部大換血開始，西門．凱瑟克接替紐璧堅出任置地及怡和大班。並提出「自救及償還貸款」計畫，也就是說置地擬出售其在海外的部分業務和在港島的非核心資產，套取資金，償還銀行債務。港燈公司便在此次怡和出售的範圍內。

港燈公司全稱是香港電燈有限公司，成立於1889年1月，經過半個世紀的發展，到二次大戰前後，港燈公司已經發展到僅次於中華電力集團的香港第二大港島供電集團。

自從愛迪生發明電燈之日起，電就與人類結下了不解之緣，人類的生產生活中處處都要用到電，不論窮富，人人都離不開電。所以說經濟和市場都不會對電力事業造成過大的影響。怡和出售港燈之時，恰逢港府新頒布了鼓勵用電的優惠政策。如果不是迫於無奈，怡和斷不會將港燈這塊「肥肉」送入他人之口。

1984年置地正式放出將出售港燈的消息。此消息正中李嘉誠下懷。早在紐璧堅未離職之前，李嘉誠就曾透露過想要收購港燈的念頭，此時他的實力較之前更加雄厚，也是置地出售港燈唯一合適的人選，他們確信李嘉誠是能出得起大價錢的買家，也確認李嘉誠是想得到港燈的買家。他們只等李嘉誠這位大買家主動上門了。

事實表明，置地再次犯了過於自信的錯誤。一段時間過去了，別說李嘉誠沒有任何表示，就連其他公司也對怡和出售港燈之事不理不睬。

原來，李嘉誠對港燈的冷淡態度是他採取的「欲擒故縱」的策略。李嘉誠算準了在當時香港不景氣的經濟環境下，無人會在此時出高價收購港燈，這就讓他沒有了競爭對手。李嘉誠雖然沒有行動，但他卻始終關注著港燈的動向，果然不出他所料，出售港燈之事無人問津。他知道，港燈越晚出售，置地背的包袱就越重，為了儘早擺脫困境，置地會主動找上門來的，到那時，價錢會大打折扣。

一切都在李嘉誠的預料之中。一年後，置地派人前往長實集團與李嘉誠正式商討出售港燈一事。

1985年1月，李嘉誠決定以長實旗下的和黃集團名義收購港燈公司。最終以29億港元的價格與怡和達成購買協定。

至此，李嘉誠收購港燈之戰順利結尾。此戰中，李超人不急不躁、以退為進，成功收購了自和黃之後第二家英資企業，大展華商英姿。

放棄並不代表認輸

到20世紀80年代，香港的華商企業勢頭正勁，連續完成了大規模的對英資集團的收購，以李嘉誠、包玉剛、鄭裕彤為代表的華商企業家資產急劇擴大，不僅蜚聲全港，更是世界矚目。

相比之下，在香港的英資財團連連失手，處境略顯尷尬。自怡和財團失去九龍倉之後，各大英資企業不得不正視曾被他們踩在腳下的華資企業，彷彿在一夕之間，華商這個「小矮人」變成了「大巨人」，華商不但要和他們爭奪香港市場這杯羹，還大有取而代之的勢頭。

此時，國際國內形勢的劇烈變化，也借給華商一陣東風。中國實行了改革開放政策，香港作為港口城市，加深了與內地的溝通，中國大陸巨大的市場前景不可估量；柴契爾夫人訪華，中英關係和解，英國對香港的殖民統治畫上句號已是毫無疑問的事；歐美經濟市場萎靡不振，使許多在港外商在海外的事業受挫嚴重。這諸多條件加在一起，對英商企業衝擊巨大。

香港英資集團的代表企業怡和財團，就是在這樣的形式下，漸漸失去了它在香港的優勢地位，並且幾年間債臺高築。為了自救，1985年，怡和財團旗下的置地公司出售了港燈公司的股權，之後，又出售了電話公司。但仍對它沒有決定性的幫助。媒體紛紛揣測，大勢已去的置地公司，即將被華商企業收購。

香港坊間向來就有「未有香港，先有怡和」的說話，可見怡和財團的地位和勢力之大。彼時，怡和發展已有一個世紀之久，1980年包玉剛收購九龍倉，曾打了怡和一個措手不及。如果此番再如外界傳言，怡和再失去置地這個幫手，那時的怡和，真的是要回天乏術了。

九龍倉之戰失利後，怡和為防止類似情況發生，時任大班的紐璧堅大膽改革，重新調整怡和和置地的控股模式，採用怡和和置地股份互控的方式，即：怡和掌握置地四成股份，置地同樣掌握怡和四成股份。這樣，如果置地和怡和有一方出現財務危機，另一方用手中持有的四成對方股份，便可達到反收購的效果。這種模式的抵禦力確實不能小覷。然而，這種強大的互控股權的模式，也有著致命的缺點，它的這個缺點，在不經意間，差點同時斷送了怡和和置地的前程。

1984年，怡和、置地先後陷入危機，負債過億，致使各自股票下滑，投資者紛紛撤資。當時，置地市值100億港元，而怡和則僅有30億港元。外界流言四起，說華資企業已摩拳擦掌，即將先取怡和，再取置地。依此種情況看來，怡和和置地根本自身難保，哪裡還顧得上救濟對方。

幸而此時怡和新大班西門．凱瑟克及時補救，將旗下的牛奶國際和文化東方單獨拋出，才緩解了危機。

怡和、置地的此番危機，對於華商而言，確實是個極佳的機會，李嘉誠早有趕超置地的豪言壯語，吞併置地，是他夢寐以求的事情。李嘉誠曾單獨接洽置地，提出以高出置地溢價6港元多的價格，即每股17港元的高價收購置地25%的股權，卻未能談攏。

1987年10月，受華爾街股災的影響，香港股市急速下滑，幾日之內，恒指跌幅達1120點。香港各大地產商面對此種局勢，紛紛暫緩收購置地的意向。此時的李嘉誠，面對恒指下滑的嚴重局勢，提出「百億救市」的策略。外界再度猜測，百億資金即將直取置地。

1987年末，股市回溫。在李嘉誠的協調下，他與包玉剛、鄭裕彤、李兆基、榮智健等華商聯手，開始了對置地的第一輪攻擊。到1988年4月底，華商聯盟對置地的股票持有量，已逼近怡和對其的持股數量。華商聯盟由此致函置地，要求其在6月6日即將舉行的股東年會上，增加委任鄭裕彤、李兆基為其新一界董事的提案。

此函一出，置地的股價頓時高漲，從之前不到8港元的股價，陡升至8.9港元。置地公司見此情形，毫不鬆口。1988年5月4日，以李嘉誠為代表的華商聯盟與置地公司談判，李嘉誠等人提出以每股12港元的價格收購置地股權，而置地則堅持價格不能低於17港元。談判再次陷入僵局。

以置地每股17港元的價格計算，如若購得其50%的股份，總價則將超過華商聯盟的財力範圍。如果繼續搏殺，置地的股價將越炒越高，到那時華商聯盟將把自己陷入泥潭之中。

於是，華商聯盟決定放棄此番收購置地的計畫。最終，怡和與華商聯盟達成協議。1988年5月6日，怡和宣佈購入長江實業、新世界發展、恒基兆業及香港中信所持的置地股份，這使怡和持有的置地股份由25%升至33%。協議中的附帶條款聲明：長江實業等華資財團在7年之內，除象徵性股份外，不得再購入怡和系任何一間上市公司的股份。

可以說，華商此次收購置地，是失敗的。港媒稱之為「一場不成功的收購」、「華商滑鐵盧」。外界感到不解的是，以李嘉誠為首的華資財團，為何不背水一戰，決出勝負就偃旗息鼓呢？

不得否認，李嘉誠畢竟是個商人，要從商業利益的角度考慮問題。李嘉誠成功收購過多家企業，善於伺機而動，極富睿智、耐心，經常上演以「弱小」勝「強大」的結局。但是，他始終秉承著「善意」原則。收購對方的企業，也是充分尊重對方，透過心平氣和的談判達成共識。一旦遇到對方堅決反對，他也會理智地放棄，他不會以一些條件作為「要脅」，陷對方於不利境地，更不可能逼迫對方達成收購目的。

當時的置地雖然身陷困境，但是實力尚在，一味窮追猛打，反倒適得其反，於己於人都不利。正如研究者指出的那樣，李嘉誠的收購是一種善意收購。也就是李嘉誠在冷酷無情的商場上所表現出來的這種「善意」，凡事都會給自己和對方留有餘地，常常使得更多的人甚至是對手願意在後來的合作中選擇李嘉誠。

第十章 投資全世界

遷冊風雲，輿論漩渦

1986 年香港《信報》排出香港十大富豪排行榜，李嘉誠名列榜首。20 世紀 80 年代開始直到今日，李嘉誠便始終站在香港經濟的風口浪尖上。

俗話說：「樹大招風」。李嘉誠這棵四十年前的小樹苗，已經長得枝繁葉茂，鬱鬱蔥蔥。來自四面八方的風總會有意無意的刮到他身上。

20 世紀 80 年代初期，世界經濟蕭條，香港經濟市場也是一片陰霾，不知何時出現陽光。香港作為以對外貿易為主的重要港口，出口量急速下滑，眾多小企業主無力支撐，紛紛宣佈破產，香港失業率呈不斷上升的態勢。

1982 年 9 月，柴契爾夫人第二次訪華，就香港問題與鄧小平等中國領導人進行首次會談。

會談過程一波三折，柴契爾夫人在人民大會堂門口的那一跤，更令媒體猜測不已，輿論譁然不止。香港的未來走勢如何？到底是姓「英」還是姓「中」？如果擺脫了英國式管理，對香港是福是禍？對這些問題，香港人摸不著底。一時之間輿論紛擾，人心惶惶，於是在香港逐漸刮起一股「遷冊」之風。不少大公司紛紛動心欲遷冊海外。

中英談判，對香港股市產生巨大影響，恒生指數不斷下滑。當年年底，恒指跌幅達670多點。香港人心浮動，上至大企業家、大政治家，下至普通黎民百姓，無不為不可知的未來擔憂。由此事為基點，香港再次引發大規模移民潮，持續十年之久。

據香港官方《移民志》資料顯示：20世紀80年代，香港向外移民人數為每年2～3萬人；到90年代初，移民潮加劇，香港向外移民人數達每年6萬人次。從移民的職業類別來看，工商業者和各領域專業人士佔了絕大部分的比例。其中，移民的工商業者又以地產界人士居多。當時有很多國家對香港移民都給出了優惠的條件，希望藉此為本國網羅資本和優秀人力資源。

香港的各大企業受此風潮影響，也紛紛亮出了「遷冊」的底牌。在香港工商業界首先打出「遷冊牌」是稱雄香港的怡和財團。1984年3月28日，怡和大班西門．凱瑟克對外發表聲明稱，基於在香港的前途問題考慮，該集團遷冊百慕達；其股票將同時在倫敦、新加坡、澳洲掛牌上市。此消息一經傳出，便引發了香港實業界的地震，自此遷冊風潮愈演愈烈。

香港首富李嘉誠的一舉一動更加引人注目。此時，李嘉誠的長實集團在香港上市公司的總市值已超過10%。他的大兒子李澤鉅已加入加拿大籍，長實集團在加拿大等國也有大量投資。外界均對長實集團是否遷冊引發各種猜測。李嘉誠透過《明報》發表聲明稱，自己不會舉家外遷，旗下的企業亦不打算遷冊，他對香港未來的前途看好。李嘉誠此番聲明，對堅定港商的信心無疑產生了正面作用。

李嘉誠雖然能堅持自己不移民、不遷冊，卻無法阻止別人的想法。時任和記黃埔行政總裁的李察信，就在遷冊問題上與李嘉誠分歧較大。1984年8月，李察信因此事向李嘉誠提出辭職。接替李察信職位的是與李嘉誠在「香港前途」問題上看法一致的馬世民。

然而事態並不總是朝著人們期盼的那樣發展。據香港《明報》《東方日報》在1990年12月18日的報導，截至1990年11月為止，「香港已有77間上市公司遷冊海外」，「佔香港上市公司總數的1/3」、「現時在香港四大財團中，只有李嘉誠的長實系集團和施懷雅的太古洋行集團尚在香港註冊」。

固然，李嘉誠以一己之力無法扭轉風起雲湧的遷冊浪潮，並且李嘉誠留駐香港也是出於精明的商業運作的考慮。然而，不得不承認李嘉誠在遷冊風潮席捲而來之時，他的沉著冷靜，透過對局勢發展的洞悉明解，堅定不遷冊海外的立場。他說，他相信97回歸後的香港仍會繼續繁榮。事實也正如他希望的那樣。

當然這並不意味著他放棄對海外的投資，其卓越的商業頭腦和大膽的投資意識促使其在20世紀80年代中期邁開了大舉進軍海外市場的步伐。其實，在李嘉誠更早些年的經歷中也可發現他在屈指可數的幾年中，或以個人或以公司的名義，擁有了北美的28幢物業。

長期投資順利吃大「橙」

俗話說「失敗乃成功之母」。但很多人因為一朝的失敗，變得膽小怕事，失去再試一次的勇氣，也就失去了反敗為勝的機會。真要做到看開勝負、看淡得失、看遠未來，卻也並非易事。

成為成功「代言人」的超人李嘉誠，在幾十年的商海沉浮中，也並非每次都能呼風喚雨，他也有失敗的時候。面對不利的狀況，甚至是失敗，李嘉誠總能重新出發，把不利變有利。

李嘉誠做生意，向來眼光獨到，從不會局限在同一個領域。從他做推銷員開始，就是如此。從五金業跨入塑膠業，從單一的塑膠玩具轉型至塑膠花，後來又跨入地產業，遊走於股市間。似乎每一個領域都能帶給他新的機遇，而他也總能把握住新的機遇，創造出屬於他的

「李氏奇蹟」。

20 世紀 80 年代中後期，李嘉誠將目光投向了科技領域。並著手在歐洲、美洲、亞洲和非洲建立自己的「通信產業王國」。

1987 年，李嘉誠斥資 3.72 億美元，購入英國電報無線電公司 5％的股權。1989 年，李嘉誠偕同和黃行政總裁馬世民，成功購入英國 Quadrant 集團的行動電話業務，使其成為和黃開拓歐美電訊市場的一個前沿陣地。

對李嘉誠而言，上述只是他投石問路式的小投資，其真正目的是為大舉挺進歐洲探路。

1989 年，李嘉誠率領和黃集團正式投資歐洲的電訊市場，斥資 84 億港元收購了名為 RABBIT（兔子）的英國電訊公司，並推出 CT2 電訊服務，開始衝擊英國的電訊市場。但因其自身的技術問題，「兔子」在市場競爭中屢戰屢敗，長期處於虧損狀態。最終結果是「兔子」死亡，和黃由此背上了 1462 億港元的巨額債務。

可以說，李嘉誠的這一次電訊投資是極其失敗的。上千億港元的損失並不是一筆小數目。如果李嘉誠因此停滯不前，也無可厚非，但擁有長遠目光和過人膽識的李嘉誠，開始了長達十年的反敗為勝之戰。

1994 年，在他的直接指揮下，和黃集團再次將「兔子」改頭換面，化身為「橙」，隆重登場，同時推出 GSM 行動電話業務。此次，和黃集團對「橙」的投資仍是 84 億港元，與「兔子」

持平。「橙」面市之初，並沒有一砲而紅，一段時間後，漸漸被市場接受。之後，和黃又開展了一連串的動作，實現了轉虧為盈的目標。

1996年4月和黃在英國將「橙」上市，從上市的股權轉讓中贏利41億港元。半年後，「橙」的股價比上市之初提高了6倍多。到1997年，「橙」的歐洲客戶突破百萬，它也因此躋身英國三大行動電話商之一。1999年，和黃又出售「橙」4%的股權，並從中獲取50億港元現金。

「橙」的不俗業績引起了很多同行的興趣，其中就有德國最大的無線電話業務商曼內斯曼通訊。1999年10月中旬，媒體透露德國通訊界大亨曼內斯曼意欲收購和黃旗下電訊公司「橙」的消息。就在外界紛紛猜測的時候，李嘉誠在21日的記者招待會上證實了這個消息。談判過程極為順利，僅經過6天的磋商，雙方便達成一致，成就了這項引起全球電訊領域廣泛關注的巨額交易。

在這項交易中，雙方皆大歡喜。和黃從中賺得了220億港元現金以及為期三年的220億港元票據，還獲得曼內斯曼通訊公司10%的股份，這使和黃成為歐洲最大的GSM經營商，三項相加，「橙」帶給和黃的利潤超過投資額的102倍；而曼內斯曼也憑藉「橙」一躍成為歐洲最大的電訊公司，市值達7000億港元，而且為曼內斯曼今後的發展拓展了更為寬廣的領域。

李嘉誠顯然並不僅僅滿足於超額的利潤回報，他看中的是整個歐洲的電訊市場。他的個人財富也因為一只「橙」增長到687億港元，成為華人之最。

和黃進軍歐美電訊市場的腳步一開始並不順利，但李嘉誠並未放棄，他把眼光放得更遠，跳過暫時的失利，重整旗鼓，再次放線，終於如願以償的釣到一只大「橙」。對李嘉誠而言，事情最終的結局只有一個，那就是成功，其間偶爾的失利，都不過是小插曲。

溫哥華「萬博豪園」展英姿

20世紀80年代，李嘉誠做了許多大事，使長實集團出盡了風頭。在這段時間裡，李嘉誠不僅進一步拓展了長實發展的空間，累積了更巨大的財富，還做了一件令他十分得意的事情，這便是幫助兒子李澤鉅在商界嶄露頭角，讓世人注意到這位巨富之子並非徒有虛名。

1986年10月，隨著備受矚目的世界博覽會在加拿大溫哥華順便閉幕，各國的臨時展廳也完成了使命，等待著即將而來或拆卸或廢棄的命運。此次世博會的選址毗鄰大海，視野開闊，風景優美，它的土地所有權為當地政府所有，世博會結束後，當地政府將以優惠的價格出售該片土地。

年僅22歲的李嘉誠的大公子李澤鉅在溫哥華生活多年，作為地產家族的長公子，似乎天生就對地產業帶有敏感的嗅覺。當他得知世博園舊址即將出售的消息時，特意去實地考察。

考察結果令他倍感興奮。

此時的李澤鉅已經完成了他在美國的學習，先後獲得了土木工程學士、結構工程碩士、建築管理碩士三項學位，擁有豐富、扎實的地產理論功底，他以豐厚的專業知識判斷出了這塊土地擁有的潛能。隨即，他向父親建議開發這塊地皮，原因在於世博會的召開使得這塊地皮周邊的配套設施齊全、交通便利；此處地理位置相當優越，毗鄰大海、風景秀麗，既沒有郊區的不便又沒有市區的喧囂；再加上香港移民一向對加拿大寵愛有加，如果長實能取得這塊地皮的開發興建權，將具有無限的商業價值。

李嘉誠很快同意了兒子的投資建議。但此項建議並不被大多數人看好。原因是，這塊地皮佔地面積達82公頃，相當於溫哥華市區總體面積的1/5，在如此開闊的地段興建大型物業，除了實際操作困難之外，巨額的投資也讓人難以承受。這讓眾多同樣看好此處的地產商望而卻步。即使資金雄厚的長實集團也無法獨立支付高額費用。

在李嘉誠的勸說和誠摯邀請下，香港富豪李兆基、鄭裕彤先後加入該專項的投資。另外，李嘉誠佔10%股權的加拿大太平協和公司也加入其中。1988年，以李嘉誠為代表的投資方競標成功，獲得了溫哥華世博會舊址的開發權，興建工程正式啟動，命名為「萬博豪園」，工程的指揮權自然由各大股東共同協調完成，實施方則交給李澤鉅負責。

李澤鉅在人們或信任、或懷疑的眼光中開始在這項龐大而複雜的工程中展現自己的才華和能力。此後的兩年時間裡，李澤鉅為這項工程的策劃付出了常人無法想像的心血，僅公聽會就參加了200多場，並與超過2萬人因此事進行過面談。

正當一切都按計劃順利進行時，出現了一件意外事件。1989年3月，一張充滿濃濃火藥味的《告同胞書》赫然出現在最重要的施工地段。該通告措辭強烈，通篇的排華情緒溢於紙面。這使早些年已加入加拿大國籍的李澤鉅既氣憤又無奈。

當地傳媒宣稱，人們之所以表現出對此事的強烈不滿，起因於李澤鉅之前將另一處新建物業約200處平價公寓全部在香港出售。當地人質問政府，是否要在溫哥華境內全部擠滿華人？

為了儘快平息眾怒，時任省督林思齊也給李澤鉅施加壓力，要求其將來在這塊地皮上興建的物業優先出售給當地人，不會只在海外發售。這就意味著該項目將失去香港這個巨大的地產市場。

這件事發生後，引發了社會各界的廣泛關注。如果處理不好，溫哥華和香港的市民情緒都會被波及，那時，長實集團的公眾形象會大大降低。然而，如此重要的事情，李嘉誠並未出面。很明顯，李嘉誠的用意是在考驗兒子處理危機事件的決策能力、溝通能力。

李澤鉅隨後以太平協和董事的身分會見林思齊，以項目擱淺的後果向對方施壓。林思齊權衡利弊，最終同意萬博豪園建成後可同時在香港和溫哥華發售。李澤鉅也趁勢借助媒體的力量表示「6年來我的最大收穫，就是加入了加拿大籍。」以此來爭取溫市市民的支持。

在這場風波裡，初出茅廬的李澤鉅完全依靠個人能力單槍匹馬地解決了紛爭，深得眾人賞識。其後不久，在長實董事會的一致要求下，李嘉誠同意批准李澤鉅任長實集團董事。

這個被稱為「加拿大有史以來最大的一個地產開發項目」，從項目競標到整體竣工，非常繁雜，也不可避免地出現許多意外和困難，李澤鉅初挑大樑，做事認真仔細，不遺餘力，不辭辛苦。僅1989年一年就曾26次穿梭於港加之間。他本人也曾經說過，「由於萬博家園這個計畫實在太大，自己肩負重任，因此無時無刻不在想著計畫的發展。在飛機上，即使看書，都以城市規劃以及居住環境的書本為主。」

1990年，萬博豪園第一期嘉匯苑以每平方英尺230加元（約1540港元）的價格出售，引起轟動，創下兩個小時賣掉一幢大樓的紀錄。李澤鉅的商業才能由此展現出來，使人們見識了他在地產業中獨到的眼光和沉穩的處事能力。

不放棄的「獅子」

李嘉誠的兩位公子，可以稱得上是名副其實的「富二代」。如今的長子李澤鉅和次子李澤楷，也都是商界呼風喚雨式的大人物。實事求是的說，以他們二人自身的條件，拋開父親的光環，完全有能力開創屬於他們自己的「富一代」生活。李嘉誠有這樣兩個精明能幹的兒子，更是如虎添翼。

萬博豪園工程，是父親為兒子鋪路，讓李澤鉅初出茅廬就成績不凡。而對二兒子李澤楷，李嘉誠則是選擇父子二人並肩作戰的方式，為他的事業推波助瀾。

李澤楷1987年在美國取得電腦工程學士學位後，並沒有立即加入父親的公司，而是選擇在加拿大 Gordon 集團工作兩年後再回香港，有了社會工作經驗的他在1990年加入李嘉誠的和黃集團，出任和黃資金管理委員會董事。李澤楷的加入正是時候，當時的李嘉誠正需要兒子的協助。

1990年，在香港，一場圍繞第二電訊網路經營權的「電視大戰」正在醞釀之中。所謂「第二電訊網路」，是香港政府1988年批准設立的提供有線電視和行動電話等非專利電訊服務的計畫。

李嘉誠對電訊領域的關注度一直很高，他看好有線電視的廣闊發展前景，在大家還沒有展開行動之前，李嘉誠的和黃集團就先後與英國大東電報局、香港中信公司等集團組成新的「亞洲衛星公司」，為爭奪第二電訊網經營權做好準備。

1988年2月24日，亞洲衛星公司宣佈將投資、發射第一枚專為亞洲提供電訊服務的人造衛星，並計畫利用長征三號運載火箭將其發射升空。此顆衛星一旦發射成功，則意味著李嘉誠的「亞洲衛星公司」將擁有覆蓋全亞洲的衛星信號，這不論是給他的電訊業務還是尚未展開的電視領域，都將帶來極大的便利和利潤。

此番努力眾目可睹，到1989年初，和黃不出意料地被港府初步選定為第二電訊網的經營者。然而，和黃對港府規定的發放有線電視牌照必須繳納最低金額55億港元保證金的規定搖擺不定，遲遲不能達成一致，錯失了時機。港府把有線電視經營牌照給了吳光正任董事局主席的香港九龍倉有線傳播公司。

李嘉誠萬萬沒有料想到，香港政府會轉手得如此迅速，這個項目的落空，讓他倍感挫敗。所幸的是，李嘉誠是隻死不放手的獅子，對於他想要得到的東西，絕不會輕易服輸。

正所謂「亡羊補牢，為時未晚」。亞洲衛星公司投資的「亞洲衛星一號」於1990年4月7日成功發射，其原有用途主要涉及由和記通訊負責經營的電話服務。該衛星共有24個轉發器，彼時的使用率還很低。由此李嘉誠想到，既然物不能盡其用，何不取一部分，改用到剛剛起步的電視發展計畫上呢？

說幹便幹，李氏家族與和記黃埔各持一半股權，成立了「衛星廣播有限公司」（簡稱「衛視」），雖然此時的衛視暫未取得正式的營業牌照，但它的成立卻在某種程度上開拓了衛星電視的新領域。李嘉誠的聲名，在電視領域雄起了。而後來在電訊業同樣聲名顯赫的李嘉誠次子李澤楷，因對衛星電視頗有興趣，被任命為衛視董事兼行政負責人之一。父子倆開始並肩作戰。

1990 年 8 月，港府有關條例規定：「1、若使用碟形天線收看衛星電視訊號，只要不涉及商業用途（向用戶收費等）或再行轉播（向無線臺、有線臺有償提供服務），便無須申請批准及領取牌照。2、只接一部電視機的獨立衛星碟形天線可豁免領牌；若一座大廈共有衛星碟形天線及室內系統，則需持牌公司安裝及操作。」

香港符合安裝衛星碟形天線的大廈，少說也有 15 萬座。九龍倉有線電視因此面對極為不利的局面。九龍倉有線與衛視的戰爭，一觸即發。

九龍倉有線的吳光正發起首輪攻擊，阻止安裝衛星碟形天線的公司進入九龍倉集團所控大廈安裝信號接收系統。衛視的李澤楷以牙還牙，同樣禁止九龍倉進入長實集團管理的大廈安裝有線電視。雙方劍拔弩張，針鋒相對，局面立即進入僵持狀態。

1990 年 12 月，李嘉誠的衛星電視正式獲得營業牌照，但港府同時附加了兩個極為苛刻的條件：衛視不得播放粵語節目；衛視不得向用戶收取任何費用。當年的香港人還完全聽不懂國語，不准播放粵語節目，無疑是置衛視於死地。加之不能收取費用，一個企業就如一副空皮囊。

對此，李氏父子必然不服，父子聯手，兩人不斷往返港府，要求港府收回禁播粵語節目的不合理規定。李嘉誠一改平常以和為貴的態度，與兒子並肩作戰，借助傳媒，直接指責港府條例是「無稽之談」。與此同時，李澤楷在民間做了一次民意調查。

調查結果顯示：贊成衛視播放粵語節目的用戶幾乎是百分之百。以民心所向壓倒非公正條例，很是聰明。李澤楷親自將民意調查的結果呈交至港府，要求「作為參考」，實際上已給港府強加了壓力，使其不得不考慮修改條例。

針對李氏父子強勢的輿論導向，吳光正也以放棄有線電視計畫叫陣港府，制約衛視。港府一時騎虎難下，兩邊都是香港頂級財團，哪邊都不能得罪。最終港府決定有限度的放寬對粵語節目的限制，又只維持一家收費電視。

1991年3月，原衛星廣播有限公司更名重組為衛星電視公司。李嘉誠任主席，馬世民、李澤楷任副主席，大權由李澤楷主攬。衛視開播以來，反響良好，成立當年至1993年，僅廣告收入就達3.6億美元，而其成本價僅為0.8億美元，利潤頗豐。

而與此同時，李澤楷仍為敦促港府打破條例限制而努力。直到1992年7月2日，港府宣佈：衛星電視公司自1993年10月底起，可全面開播粵語節目，並可透過收費電視，即九龍倉有線電視的頻道，經營收費的衛視節目。李澤楷這才開始真正的大展拳腳，使得衛視的經營越具騰飛之勢，被人稱作「小超人」。

第十一章 野心優雅

時機便是商機

李嘉誠的投資市場，如果在一張地圖上做標記，大半張地圖上都要畫上屬於他的旗幟。李嘉誠從他事業騰飛的20世紀70年代起，就不僅僅局限在香港市場，他把目光轉向了海外，加拿大、英國、美國、日本……亞非拉美，無不涉及。

但說起他對中國內地的投資，卻在20世紀90年代才開始。這也不得不和當時的政治環境相連。

中國內地改革開放之前，香港與內地的溝通甚少，可以說，當時的香港民眾對內地很不瞭解。所以，在20世紀80年代柴契爾夫人訪華後，香港人心惶惶，引發一陣強烈的移民、遷冊風潮。李嘉誠不為遷冊風潮所動，他相信香港在九七回歸後必定繼續繁榮。

1978年，李嘉誠首次回到闊別已久的老家潮州，親眼看到了祖國人民的生活。1986年和1990年，李嘉誠先後兩次與國家領導人鄧小平會面。鄧小平的偉人風範給他留下了深刻的印象，也使他對中國的改革開放抱有極大的信心。

此後，李嘉誠開始對內地進行投資。一方面是幫助祖國建設，另一方面，他看準了中國內地這個巨大的、有待開發的市場上充滿的無限可能。

1990年初，李嘉誠選擇首都鋼鐵企業總公司作為合作夥伴，這是李嘉誠的長實集團所投資的首家國企。

首都鋼鐵企業總公司，是中國四大鋼鐵基地之一，屬於中國特大型企業。實力雄厚，除鋼鐵行業外，它還同時經營採礦、電子、建築、航運、金融等18個行業；擁有國內大中型工廠上百家和海外獨資、合資企業近20家；員工人數近30萬。

李嘉誠選擇與首鋼合作，除了首鋼自身實力強大之外，另一方面則是時機使然。

李明治曾是香港股市紅極一時的人物，他在極短的時間內利用股市累積了大量財富，人稱外號「魔術師」。魔術看似神奇，不過都是障眼法。李明治的「股市魔術」就是這樣。人們發現，他炒股常勝的原因是，他將各家上市公司的股份，經他一人之手，買進賣出。投資市場被他搞得雲來霧去，很多小股東在他的運作下，不知所措，提心吊膽，害怕自己哪一天就被玩得傾家蕩產了。

正是因為如此，李明治涉嫌違反證券條例，引發證監會的調查。如果證據確鑿的話，那麼他和他的公司將會受到嚴厲處罰。李明治一看西洋鏡被拆穿了，立刻逃之夭夭，將他旗下的東榮鋼鐵公司做殼出售

「東榮鋼鐵」是香港一家以經銷鋼鐵為主的上市公司，在港島也算得上是實力較為雄厚的鋼鐵公司。1990年，東榮鋼鐵進口鋼筋33萬噸，佔香港總市場總數的1/3。

這一次，又不得不佩服李嘉誠的投資眼光，他從一起證券違規案中看到難求的機遇。此時媒體正在大肆報導首鋼正在開展的「鋼鐵入港」計畫，李嘉誠認為，東榮鋼鐵的進出口實力加上首鋼不凡的鋼鐵產量，將是一個完美組合。

1992年10月23日，長實、首鋼、怡東財務三家企業在北京正式簽署了共同收購東榮鋼鐵的協議。收購價為每股0.928元，涉資總額為2.34億港元。首鋼透過這次與長實的合作，利用東榮鋼鐵這個管道，開通了更廣闊的海外市場，獲利相當豐厚。

2002年首鋼改組時，李嘉誠憶及當年與首鋼的初次合作，對首鋼管理層認真實幹的工作態度讚賞有加，他說：「尤其是現任董事長羅冰生先生，當時他任首鋼總經理，他守信、實幹、公正，是難得的大企業主管人才。」「我明白任何生意都存在風險，但我也有經營工廠的經驗，相信一家公司只有由擁有實幹經驗的領導層管理，才能夠發展得好。」他稱讚首鋼的領

導層都是「認真實幹的企業家」。

有了與首鋼初次合作的愉快經歷，1993年4月2日，李嘉誠再次聯手首鋼、怡東財務以3.14億港元的價格購得香港三泰實業67.8％的股份

李嘉誠經過這兩次與首鋼的聯手，已擁有首鋼近51％的股份。自此開始，李嘉誠開始大舉投資大陸內地，業務遍及基建、地產、酒店等多個項目。

心靈也要齋戒

在李嘉誠所進行的投資內地的一連串舉措中，北京王府井東方廣場是其中不得不提的一個大專案。建成後的東方廣場，佔地10萬平方米，總建築面積達80萬平方米，融商業、酒店、購物、娛樂於一體，分為「東方經貿城」和「東方新天地」兩部分。這座被稱為「亞洲最大的商業建築群」的廣場雄踞於北京市中心，坐落於東長安街1號的絕佳位置，是真正的「城中之城」。

東方廣場的投機興建不僅在20世紀90年代為李嘉誠帶來榮耀和財富，直至今日，它還在不斷的為李嘉誠創造著利潤。它是李嘉誠投資的商業廣場中最令他引以為豪的一座綜合性廣場。但興建之初卻是困難重重，可謂一波三折。

開發東方廣場的機遇起初並不是李嘉誠遇到的。當時曾在東方海外任職的周凱旋在北京尋找可供開發的地皮，她看中了屬於拆遷範疇內的長安街兒童電影院，向有關部門詢問後得知，兒童電影院的地皮不單獨出售，而是與長安街一體開發的，總面積達1萬平方米。周凱旋經過考察，決定不僅包括長安街，連同東單一帶總計10萬平方米的地盤都要收入麾下，其胃口不可謂不大。

回港後的周凱旋，與時任東方海外董事長的董建華，力邀首富李嘉誠的加盟，共同投資東方廣場的專案。

在此之前，李嘉誠已屢次與內地有業務往來，深知內地市場的大有可為，又本著「為內地做一點點力所能及的貢獻」的投資理念，1993年4月2日，東方海外與長實集團組成了匯賢投資有限公司，並與北京東方文化經濟發展公司簽署興建東方廣場的協議，於1995年開始興建，預計投資額為15億美元。

這個廣場物業規模龐大，將會是一次建築史上的壯舉。本想能夠按照計畫進行，但是事與願違，因為種種原因，這項工程一拖再拖，停滯時間竟達兩年之久。

早在長安街一帶被列入舊城改造範圍內時，北京就已輿論譁然了。北京畢竟不同別處，是著名的古都，民眾擔心如此龐大的工程會損壞古都原有風貌和極具特色的人文景觀。而東方廣場的佔地不僅包括了長安街一帶，範圍更有所延伸，如此大面積的開發興建，更使輿論加劇。

根據國家規劃委員會的規定：「北京市的規劃以故宮為中心，其他建築必須配合故宮的外觀」「從故宮中心點向外望365度的視野範圍內，不應見到任何其他的建築物」。國務院批覆的《北京城市總體規劃》中也明確規定：「長安街、前門大街西側和二環路內側及部分幹道的沿街地段，允許建部分高層建築，建築高度一般控制在30米以下，個別地區控制在45米以下。」

在香港，100米以下的根本就算不上摩天大樓，而在首都北京，要建這麼高的建築不是件隨隨便便的事情。最終根本相關規定和各方面的協商，東方廣場的建築群由計畫的70米高，修改為地上建築30米，地下建築20米。

為了不影響北京古建築群風貌，李嘉誠特意走訪了全國著名的建築學家、城市規劃學家吳良鏞、張開濟、董光器等專家學者。李嘉誠說：「建築要現代化，但不應破壞古都的風貌。如果單為賺錢而損害名譽，這事我不做。」李嘉誠如此胸懷，令世人欽佩。

經過多方的努力，1997年1月，停工兩年的「東方廣場」正式復工。時值寒冬，長安街街頭卻一片熱火朝天的忙碌氣象。北京城建集團6個分公司、4個專業施工公司，共計1600名施工工人，24小時不停施工，終於在1999年9月20日，「東方廣場」整體亮相東長安街上，為中國建國國慶50周年慶典獻上了一份大禮。

東方廣場不但享受著全北京最佳的地理位置帶來的便利，還有著各種完善的設施和服務，使得它成為了北京名副其實的生活新焦點、商貿新紀元。

李嘉誠在對東方廣場興建過程中，所付出的精力和努力，世人共見，他開闊的胸懷和對民族文化的尊重，更值得世人尊重。

內心的富貴才是財富

李嘉誠曾在不同的場合發表公開言論：「辦汕頭大學是我人生最重要的事。」身為一個商人，投資興建一所高等學府，既無利潤，又無分紅，李嘉誠卻把這件事稱為自己人生中最重要的事，他為的是什麼呢？有人說他圖名。一個事業有成、屢屢創造商業奇蹟、財富值排在全球富豪榜前列的人，難道還怕沒有名嗎？

李嘉誠在2007年接受中央電視臺《面對面》欄目採訪時說：「我二十七八歲的時候，那個時候，『貧窮』——我可以完全不見你了。可以說，以後都不需要做事了，可以退休了。但是，驟然之間的財富，一路增加。我有什麼快樂的地方？都沒有。」「一個人如果在這個世上，當衣食住行狀況都是好的，那麼你已經有了這個條件之後，應該對社會多一點關懷，你可以說義務，也可以說責任。這個最要緊是，內心的富貴。其實，拿錢出來，你可以說簡單，但付出時間去做了，這個不簡單。」

李嘉誠正如他說的這樣，為了對這個社會更多一點關懷，為了尋求內心的富貴，投資興建汕頭大學，出錢出力。

李嘉誠出生於書香世家，少年失學，雖然他幾十年來從未間斷過自學，但始終未受過正規的高等教育，這是他終身遺憾的事。李嘉誠幼時的理想，是能像父親一樣，教書育人，做一名桃李遍天下的老師。後來步入商海，實屬為生活所迫不得已而為之的事情。但他對教育事業仍情有獨鍾。

1980年，李嘉誠決定在家鄉捐資興建一所大學——汕頭大學。好的教育對國家的重要作用勝過好的儀器和好的計畫千百倍。這些年來，李嘉誠走南闖北，去過很多國家和地區，英美等發達國家先進、舒適的大學學習環境讓他印象深刻。

1978年李嘉誠首度回到闊別40年的老家潮州，處在快速發展中的潮州讓他倍感興奮，在這樣一個嶄新的時代，他要以一己之力為家鄉的建設添磚加瓦，投資教育，將汕頭大學辦成潮汕地區第一所現代化學府，成了他回港之後日思夜想的事情。

不久，李嘉誠找到當時發起香港商界支持辦學的主管人，也是當時香港南洋商業銀行董事長莊世平先生，向他表達了自己想資助辦學的願望，得到肯定的李嘉誠當即決定先拿出 3000 萬港元作為興建汕頭大學的前期費用。1979 年秋天，李嘉誠正式啟動捐辦汕頭大學的計畫。1980 年，在國家領導人的高度重視和李嘉誠的積極配合下，8 月，國務院選定在汕頭市郊桑浦山麓成立汕頭大學，並由當時的人大常委會委員長葉劍英親自題詞。1981 年 4 月，汕頭大學籌委會成立。這一連串的行動都說明了當時國家高級領導人對興建汕頭大學的重視。

興建汕頭大學，李嘉誠是傾注了相當多的心血，除了持續不斷的注入資金，他還參與了校園的設計，對校內的一草一木、一樓一房都嚴格把關，各種建築材料堅持用最好的。他多次從繁忙的工作中擠出時間，親自去施建中的汕頭大學查看施工進度和工程品質。

有一次，在他勘察施工的過程中，發現正在建的教職員工宿舍鑲嵌著咖啡色瓷磚，顏色灰暗，看起來十分壓抑。他說：「像這樣的房子，我一個生意人都不願意住，怎麼可以讓教授住？換掉，全部換掉，通通換上進口的馬賽克。」

現場施工負責人說：「馬賽克成本太高，一處至少得要三千元啊！全校這麼多棟樓……」李嘉誠不等他把話說完，立刻毫不猶豫的說：「三千就三千！」當時的中國，普通老百姓的月工資不足一百元人民幣，可見李嘉誠對學校環境的重視。

從李嘉誠為汕頭大學的創辦傾心竭力的付出，讓校領導和董事局的人十分感動。他們一再提議將汕頭大學大禮堂以李嘉誠的名字命名，被李嘉誠謝絕了。後來又有人說李嘉誠的父親李雲經先生一生致力教育事業，提議用他的名字來勉勵後人，也被李嘉誠謝絕了。

1982年，受世界經濟衰退的影響，香港股票市場不斷下跌，長實集團的盈利額比上年度減少了8.5億港元，到了1983年，長實集團全年盈利僅4億港元。此時，很多在內地投資的港商，能撤資的都撤資，不能撤資的也不再繼續投入。一時之間，人們紛紛猜測李嘉誠是否還會將捐建汕大的義舉繼續下去。李嘉誠表示，哪怕以賣掉辦公樓為代價，也會將汕頭大學辦好。

他在給汕頭大學籌委會的信裡寫道：「雖然受世界經濟發展趨緩的影響，長實集團面臨著嚴重困難，各行業的虧損和倒閉帶來很多的負面影響，造成巨大的損失……但是汕大的創辦遠遠超過日後的一切得失。站在國人的立場無論損失多麼慘重，一定要徹底完成此項計畫。」

為了打消人們的顧慮，李嘉誠每次到汕頭大學視察時，都明確表示，汕頭大學高於一切，他可以放棄任何事情。他曾說：「我在汕大上傾注了很多心血，汕大是我這一生中最重要的計畫，我為了汕大甘願破釜沉舟……」

為了把汕頭大學建成全國一流的高等院校，李嘉誠曾特地寫信給鄧小平，希望依靠政府的力量調集全國優秀的教育工作者來汕大工作。對此，鄧小平做出批示，鼓勵汕大創新思維，允許其開放辦學，在國內外全面招攬優秀的教育人才。

1990年2月8日，汕頭大學隆重舉行落成典禮。建成後的汕頭大學，佔地面積1920.18畝，校園內風景優美、設備齊全，被稱為中國最美的大學校園之一。汕頭大學也成為了迄今為止，中國唯一一所由私人持續資助的公立大學。

如今86歲的李嘉誠，只要來到汕頭，一定會去汕頭大學走走看看，他看到眾多莘莘學子年輕的臉龐，猶如看到祖國更強盛的未來。

我樂意為帶動社會的進步而努力

一位名叫翟豔萍的女孩，幼時因脊髓灰質炎導致小兒麻痹後遺症，從此，只能手扶腳面在地上蹲行，她羞於見人，從未有勇氣邁出家門一步，年輕的女孩不止一次動過輕生的念頭，貧寒的家境、自身的殘疾讓她看不到未來的希望在哪裡。在她28歲那一年，「上帝」終於睜開眼睛，看到了這個不幸的女孩。

借助李嘉誠基金會專項助殘基金的幫助，翟豔萍接受了下肢矯治手術。她激動的說：「28年來，我第一次知道自己的身高；28年來，我第一次站起來做人！」今天的翟豔萍，生活和樂，跟普通人一樣，有工作、有家庭、有孩子。

翟豔萍只是李嘉誠幫助過的千千萬萬的殘疾人中的普通一員。李嘉誠說：「在他們最困難的時候，幫一下，益處很大。」的確，李嘉誠這「益處很大」的一幫，足以改變很多人的人生。

「達則兼濟天下」，這句話放在李嘉誠身上，再合適不過。身為華人首富的他，不以一己之富為富，積極參與慈善事業，關注社會弱勢群體，尤其是對於殘疾人的關愛傾注了很多心血。

20世紀90年代初期，李嘉誠走訪了中國內地許多貧困偏僻的地區，這些地區落後的經濟生活環境，讓他深深感到經濟發展對祖國建設的重要，同時，也讓他看到了很多身有殘疾的人，在落後的醫療衛生條件下悲慘的境遇。李嘉誠感到萬分痛心。

1991年，李嘉誠以個人名義捐給中國殘疾人聯合會1億港元，主要用於幫助農村的白內障患者重見光明。他非常清楚排在五官之首的眼睛，對於一個人的重要程度。對當時的中國內地農民而言，貧窮的生活、不發達的通訊，讓人們根本無從得知白內障的防治知識，李嘉誠決心幫助這些人早日擺脫白內障的困擾。

同年的8月9日，中國殘疾人聯合會主席鄧樸方率領中國殘疾人藝術團訪問香港。在此期間，鄧樸方曾與李嘉誠會晤，談到李嘉誠捐款資助殘疾人事業時，鄧樸方說：「我們把捐款作為『種子錢』，每拿出1元錢，就會帶動各方面拿出7倍以上的配套基金。一併投入殘疾人最急需的項目……」

鄧樸方的一席話讓李嘉誠很受感動，他從中看到內地對所獲捐款的合理利用，所謂「好鋼用在刀刃上」。同時也觸發了他要為殘疾人做更多的事的想法。之後，他提出觀看鄧樸方率領的中國殘疾人藝術團的演出的請求，演出的精彩程度超乎李嘉誠的想像，演員們身殘志堅的精神更讓李嘉誠深感敬佩。

幾天後，李嘉誠與鄧樸方再次見面，李嘉誠說出了自己宏大的設想，「我和兩個孩子經過考慮，決定再捐出1億港元，也把它作為一個種子，透過各方面的共同努力，希望5年內把內地490多萬白內障患者全部治好。你們為殘疾人辦事，錢我來賺。」

對於李嘉誠的誠意，中國殘疾人聯合會非常重視，進行了反覆調研和論證。而鄧樸方與李嘉誠也多次透過相互致函溝通意見。為了能夠深入地溝通，李嘉誠在12月初特意委派李澤楷等人專程趕赴北京瞭解具體情況。在多次溝通之後，雙方達成了共識。決定將1億港元的捐款，從最初僅用於治療白內障患者，擴大使用範圍至為低視力殘疾者配用助視器、聾兒聽力語言訓練、小兒麻痺後遺症矯治、智力殘疾預防與康復等多個助殘領域，並且興建30所省級殘疾人綜合服務設施。

為了能夠將捐款的運用更加規範化，中國殘聯特別制定了「李嘉誠先生專項捐款管理辦法」，保證專案的規範運行。此項目開展以來，成效顯著，使得龐大的殘疾人士受益匪淺。

李嘉誠看到因為自己的一點幫助，讓越來越多的殘疾人生活受益，倍感開心。在放眼全國的殘疾人事業的同時，他對家鄉的殘疾人生活疾苦更是關注。1995年11月，他在潮州西湖公園旁興建了「潮州市殘疾人活動中心」，建築面積4428平方米，能夠為殘疾人提供康復醫療、特殊教育、文娛體育活動等。

如今，潮州的殘疾人事業也沒有辜負李嘉誠的期望，被列為全國推進殘疾人事業發展的示範點，這也使李嘉誠感到由衷地欣慰。

作為商人的李嘉誠，本該以獲取利潤為主，然而他卻反其道而行，把自己的所得貢獻出去，並且不要求任何回報。以個人微薄的力量來為社會做貢獻，從中體會到幫助社會弱勢群體的內心富足。毫無疑問，李嘉誠是富裕的，他不僅擁有超過百億的財產，還擁有比金錢更寶貴的內心財富。

第十二章 愛與敬的成功學

有傲骨，無傲心

出身寒門的李嘉誠，經過半個世紀的不懈努力和奮鬥，從一個普通的打工者成為香港商界叱吒風雲的頂級富豪，這和他個人的勤奮、努力還有不可多得的機遇是分不開的，然而，每當人們提及李嘉誠的成功之道時，為人謙和的他從不自恃自己的功勞，他認為，自己之所以能有今天這般成就，更多的應該歸功於長實集團擁有一支「有傲骨，無傲心」的堅強團隊，在這支團隊的幫助下，他才能不斷開闢新的事業，無往而不勝。

李嘉誠的小兒子李澤楷在接受香港《財經》雜誌採訪時說：「父親常常跟我們講企業人才的重要性，他也說要建立一支沒有傲心但有傲骨的團隊……人才一定要覺得，自己做的事情，除了錢的報酬之外，要對這個社會有所貢獻。」從李澤楷的話中，我們也可以看出李嘉誠本人對團隊建設的重視程度。

「有傲骨，無傲心」，這六個字後來成為了人們對李嘉誠的長實團隊用得最多的注腳。李嘉誠本人也曾對「傲骨」和「傲心」發表過看法，他說：「一個人如果認為自己了不起，就像一杯水裝滿了之後，一滴水都裝不進去，這是傲心。這個東西，不要有。那企業，一定要有他自己一定堅持的東西，不能人云亦云，附和比你更厲害的公司，要有傲骨。」

1997年香港回歸祖國之前，香港作為英國的殖民地長達一個多世紀的時間。多少年來英國人歧視華人的狀況一直存在，在香港的中國人始終被視為「二等英聯邦臣民」。隨著香港的華商迅速崛起，英資企業一次次敗在飛速發展的華商企業腳下，即便這樣，英國人的優越感仍然沒有改變。

1985年，長實集團旗下的和記黃埔準備收購香港第二大電力集團的香港電燈有限公司。當時的港燈是香港最有名的地產公司香港置地有限公司旗下的子公司，置地因為自身的經濟問題出了狀況，迫不得已出售港燈公司的股份。在這場收購戰中，李嘉誠選擇了「以退為進」的經營戰略，讓置地公司自己叩響長實的大門，主動「兜售」港燈。

置地公司派出代表，前來長實集團開會，商討收購事宜。雙方約好的時間是下午4點，一個小時後會議倉促結束。這次會議只是雙方初收購港燈一事相互間的初次探討，還未談到關於此事的核心部分。但在會議期間，置地公司負責人採取的態度極其傲慢，好像一個戰勝國對戰敗國的態度。置地公司負責人對長實集團負責人說：「你們要明白，我們看中你們長實，不過是看你們近些年來發展得還可以，再扶持你們一把。就港燈的價值而言，我們可以賣給香港任何一家公司。」

會議結束後，長實負責人打電話給李嘉誠彙報會議過程，李嘉誠聽到此事後，雖然很氣憤，但他身為一個公司的最高決策者，必須要調查清楚後再做結論。他逐個詢問長實集團參加此次會議的職員，問這其中有沒有誤會，大家都說沒有。於是，李嘉誠給了自己五分鐘，讓自己冷靜的思考兩個問題。

第一個問題，長實集團放棄此次收購港燈的計畫行不行。很明顯，港燈集團對李嘉誠而言，並不是非買不可的，李嘉誠之所以看中這個項目，是港燈公司本身具有巨大的發展前景。但如果不進行收購，對長實集團而言，只是暫時失去了一個在未來賺錢的絕好項目，失去了這個，還可以再尋找其他的，對長實現有發展不會構成任何威脅。

第二個問題，如果長實集團不收購港燈，對置地公司意味著什麼？置地公司經濟危機重重，僅銀行的大量欠款就壓得它喘不過氣來，各項投資幾乎毫無收益可言。可以說，置地公司處在瀕臨絕境的危險地位。港燈的前景廣闊，如果不是到萬不得已的地步，置地是絕不會主動放棄港燈的控股權的。置地出售港燈，猶如身陷危機中的壁虎自斷尾巴來自救。而且，置地公司很明白，處在經濟環境普遍疲軟的現階段，能出得起好價錢又有收購意圖的，只有長實。

五分鐘後，李嘉誠打電話給長實集團此次專案的負責人，讓他通知置地公司，長實將取消此次收購計畫。

果然不出李嘉誠所料，不到兩小時，置地公司的大班西門．凱瑟克要求親自與李嘉誠就出售港燈一事進行商談。商談很順利，不到16個小時，李嘉誠便完成了對港燈公司的成功收購。

精明的李嘉誠很明白，置地負責人如此趾高氣昂的表現，只能說是他們底氣不足的表現，拙劣的上演了一次激將法。李嘉誠順水推舟的「反激將」不僅用事實證明了長實集團的實力，更重要的是狠挫了英資企業的銳氣，顯示了長實集團不卑不亢的企業精神。

這正是李嘉誠為自己所說的傲骨和傲心做出的完美詮釋，長實在實力雄厚時，不以盛氣凌人示人，但一定會充滿自信，不為利益屈從於他人。

每個企業，都會有一套自己的價值觀和管理制度，而作為一個上等的企業，它的價值觀並不是簡單的說教，而是能夠讓企業中的每一位員工都被它的內核所折服，與自己的人生觀融合在一起，身體力行的去實踐。

容人之短，用人之長

有人曾說，在李嘉誠龐大的商業王國中，只要是人才，就有用武之地。這話不假。幾十年來，跟李嘉誠合作過的人不計其數。這其中有農民，有普通的技術工人，有初級的推銷員，也有財務專員、股票天才等各領域人才。李嘉誠對所有的人都能一視同仁，不分貴賤的合理任用，這也是他成功的企業管理模式中重要的一點。

港人多盛讚李嘉誠具有九方皋相馬的慧眼。因為正是李嘉誠極為高明地辨識和使用了眾多的「千里馬」，他的商業巨艦才馳騁商場幾十年而無堅不摧、無往不勝。李嘉誠在選用人才時，總是能將他們的長處發揮到極致。如果讓一個擅長談判的人去做財務，讓一個股市高手去做推銷，那麼，即使他們擁有再高超的專項技能，也無法勝任崗位要求。李嘉誠不會犯這樣的錯誤。

李嘉誠曾在汕頭大學答學生問時說：「成功的管理者都應是伯樂，伯樂的責任在甄選、延攬比他更聰明的人才。」

的確是這樣，一個企業就好比一部完整的機器，有了先進的設計、合理的結構和科學易行的操作規程外，如果沒有高品質的操作能手，即使再好的機器也無法保證它的高速運行。

李嘉誠小的時候曾聽父親講過戰國四公子之一的孟嘗君的故事。孟嘗君之所以能成大事，正是因為得到了「門客們」的大力幫助，各具其能的「門客」幫助孟嘗君多次脫離險境，曾給幼時的李嘉誠留下了深刻的印象。長大後的李嘉誠，獨自掌舵一個龐大的企業，再次想起這個故事，從中獲得很多的啟發。他要網羅各方面的人才，和他一起將長實集團這艘大船開得更遠。

李嘉誠最初創業時，可謂「一窮二白」。既無資金又無人力，唯獨不缺的是他對塑膠行業的遠見卓識和宏偉的理想抱負。長江塑膠廠初建，廠裡為數不多的員工，都是李嘉誠一個一個從田間地頭找來的農民，他們一無技術、二無經驗，可以說，關於工廠的一切細節，他們一概不知。但恰恰是這樣一批人，成就了李嘉誠最初的輝煌。

雖然長江塑膠廠的首批工人沒有專業技能，素質普遍也不高，但是李嘉誠還是看到了他們身上所具有的很多優點。每個工人都吃苦耐勞，做起事來動作俐落，不怕苦不怕累。雖然不懂技術，但大家都很虛心，也對剛剛起步的長江塑膠廠充滿了信心。這些，正是當時的李嘉誠最最需要的。

沒有技術沒關係，李嘉誠慢慢教授。也是在這批工人裡，李嘉誠培養了兩三個很具實操能力的工人，後來長江廠業績日漸上升時，李嘉誠曾特意派他們外出學習專業的塑膠技術。

如果說長江塑膠廠初創時，招收當地農民當工人是資金不足、不得已而為之的話，那麼，在長江塑膠廠發展成為大名鼎鼎的長江實業有限公司時，李嘉誠仍然能做到舉賢任能、知人善任，就不能不承認他精明的用人之道了。

20世紀80年代，長實集團實力大增，李嘉誠已經控制了好幾家老牌英資企業的股份，他對這些公司原來的職員擇優留用，其中不少是高鼻子藍眼睛的「洋人」，這裡包括他入主青州水泥公司時，留用了該公司原行政總裁布魯嘉，還有他入主和黃時，留用和黃的李察信等人。這些人在原來的公司就擔當著重要的職位，擁有著德高望重的地位，他們本身也都是極具才能的人物，如果一時之間全部撤換，恐怕找不到比他們更適合那個崗位的人才。

李嘉誠用人不分國籍、地域、民族、性別，凡是他認為可用的人才，都被吸收進長實集團，與大家一同奮鬥。任何一個人都是既有優點又有缺點的，作為一名優秀的管理者，要在工作中擴大員工的優點、摒除其不足之處，要具有揚長避短的能力，毫無疑問，李嘉誠是具有這樣能力的管理者。

有評論家評論李嘉誠的集團，說道：「這個內閣，既結合了老、中、青的優點，又兼備中西方的色彩，各方面的人才都齊全十分，是一個行之有效的合作模式。」

從這個角度來看，李嘉誠不得不說是一位傑出的企業管理者。

可以商議的命令

2002年5月，李嘉誠再一次來到他捐資興建的汕頭大學，和汕頭大學商學院的眾多師生們一起分享他的經商策略。其間，有學生提問到，如果發現一個新的發展機遇，其他人與李嘉誠意見相左時，李嘉誠會如何處理。

李嘉誠這樣回答：「你自己應該知識面廣，同時一定要虛心，聽聽專家的意見。我常常是這樣，假如一個項目我認為是不好的話，我還是非常虛心地聽。有的時候，可能百分之九十是你認為不好的，但他講的百分之十是你不知道的。那麼這個百分之十可能就是成敗的關鍵。當然，自己作為一家公司的最後決策者，一定要對行業有相當深的瞭解。不然的話，你的判斷力一定會出錯。今天跟從前有一個不同，傳統的行業如果出錯，錯不了多少，但是今天的決定錯了，可以錯得非常離譜。」

從李嘉誠的這段話中，我們不難看出一個優秀的企業領導者應該具備的素質：

第一、廣博的知識面和對本行業深刻的瞭解，這樣才能在千頭萬緒的紛繁事件中，看出其中最關鍵、產生決定作用的細節，才能在做決斷時，做出正確的選擇；

第二、虛懷若谷的心態，好的領導者都是善於傾聽的，李嘉誠傾聽的更高明之處在於，他除了傾聽不同意見之外，還會注意聽取別人講到的與主題無關的方面，因為他明白這樣一個道理：事物總是相互聯繫的，即使現在看來無關的事情，說不定今後就成了最主要的方面。

俗話說：「三個臭皮匠，勝過一個諸葛亮。」李嘉誠善於廣採博納、融合眾智，這不僅是他在長期的工作經驗中總結出來的金科玉律，而且也是他一向為人低調、審慎謙和的個性所致。

李嘉誠說：「決定大事的時候，我就算百分之一百的清楚，我也一樣召集一些人，匯合各人的資訊一起研究。因為始終應該集思廣益，排除百密一疏的可能。這樣，當我得到他們的意見後，看錯的機會就微乎其微，這樣，當各人意見都差不多的時候，那就絕少有出錯的機會了。」

集思廣益，以別人的長處來補充自己思維中的不足，這種在普通人身上都難以始終堅持的精神，李嘉誠，身為掌管全球五十多個國家和地區的企業高級領導，數十年來都身體力行的執行著，實在是難能可貴。

從李嘉誠創建長江塑膠廠開始，幫他出謀劃策的人數不勝數，他向來都很重視別人的意見。對於自己公司內部的人員，是如此。對公司外的人，只要是好的建議，他也照樣會採納。

有一次，香港《明報》記者訪問李嘉誠：「您掌管長實集團這麼大一家公司，其中對您有幫助的『智囊』人物究竟有多少？」

李嘉誠答道：「很多，幾乎可以講數不勝數。凡是跟我打過交道、合作過的人，都是『智囊』。比如，你們《明報》集團的廣告公司。」

這位記者大惑不解。

原來，李嘉誠在發售位於港島南岸的麗港城的高級住宅樓區，曾委託《明報》旗下的廣告公司負責廣告策劃及推廣方面的工作。這家廣告公司在接到這個業務項目後，派人前去查看現場。

廣告公司的人認為，這片高級住宅區的住房十分漂亮，不論是外部設計還是內部裝修，都可以算得上是當時港島數一數二的豪宅。然而，美中不足的是，四周的道路還沒有完全修好，天氣晴朗時影響不大，一旦遇到連日的陰雨天，道路就會變得泥濘難行。很顯然，這個細節李嘉誠還不知情，因為他打算在近期發售樓盤。

於是，廣告商向李嘉誠建議，能否等路修好，並適當做一些美化後再售新房，那樣，成交量可能會更高，但就要延遲發售時間了。李嘉誠一聽，當即決定，採取廣告商的建議。

不僅如此，他還在以後多次出售新的物業時，汲取這次的經驗，特意過問項目負責人，周圍環境是否完全改造完畢，是否已在樓盤四周栽種了美麗的花木。這些細節，讓李嘉誠興建的房產，成交量格外的高。

海納百川，有容乃大。從小接受中國傳統教育的李嘉誠，深知要以寬廣的胸懷容納別人的長處，利用眾人的智慧，提高自身的能力。如果我們每個人都能像李嘉誠一樣，時刻抱著一顆坦誠謙虛的心，廣採博納，凡人也可能變成超人。

公司如家，才能留住人

長實集團在全球範圍內的員工人數達20萬人以上，其中三分之一是外國人。在這些人裡，大到長實核心決策層，小到最基層的操作人員，很少有流動現象。這除了長實集團重視人才、有優厚的待遇外，李嘉誠的人品也佔了很大一部分。

李嘉誠是一個很重情義的人，他幫了別人的忙，從不放在心上，這從他大力發展公益事業就能看得出。而別人幫了他的忙，他卻始終感恩在心，一有機會便湧泉相報。他的這一特點，也體現在對待下屬的態度上。

在長實有一位一路跟隨李嘉誠的財務人員，他在李嘉誠剛走上製造塑膠花這條道路時，就一路跟著李嘉誠打拚奮鬥，風風雨雨過了20多年，從一個年輕人變成了中年人。李嘉誠始終對他信任有加。但命運無常，這位老員工不幸患了肺癌，無法繼續工作。李嘉誠私下瞭解到他因為巨額醫療費，生活十分窘迫，便特意詢問他，太太有無穩定的工作以維持家庭開支，並主動伸出援手，支持他繼續治療，並且保證，如果他生活狀態無法改善，可以為他的太太提供工作，解決基本的生活問題，還資助了他的兒子出國學習。

更加可貴的是，這名員工後來定居紐西蘭，李嘉誠仍惦念著他，每次透過媒體獲知關於肺癌的新的醫治方法，都會告訴他希望他去醫治，並告知他不要擔心費用問題。李嘉誠說，他從自己一窮二白時就跟隨他創業，即使最艱難的時候也沒有離開，對他的幫助很大，雖然他現在不在公司工作了，但他為長實所做的貢獻自己永遠都會記得。

這就是李嘉誠，一個企業家對待一位已經喪失了勞動能力的老員工的感念之情。他的這份情誼，讓老員工十分感動。李嘉誠善待這位員工的故事，成了長實一段著名的佳話。

在很多人眼裡，利益高於一切，感情是談不上的。他們隨時可能將那些陪他們辛苦創業的老員工一腳踢開。在這個問題上，李嘉誠認為，老員工是企業的功臣，他們為企業做出了重大貢獻，只要在自己的能力範圍內，他會儘量幫助大家。

李嘉誠說：「如果說企業是一個家庭，那麼老員工就像家庭中的長輩，我們作為晚輩，看到他們老了，理應承擔照顧他們的義務。」「公司的錢是員工賺的，他們才是真正有貢獻的人。」也正因此，李嘉誠本人是長實集團內支取薪水最低的人，他的月薪還不及公司清潔工的月薪高。

霍建寧是長實集團明星般的人物。他自1979年大學畢業後，就被李嘉誠招入長實集團，憑著個人才華和出色的工作能力，霍建寧不僅幫助李嘉誠獲取了財富，自己的職位也一路飆升，1993年，霍建寧成為和記黃埔的最高董事。被李嘉誠稱為「長實少壯派領導者中最大的功臣」。

因為霍建寧出眾的能力，很多公司都出高價企圖挖李嘉誠的「牆角」，卻都被霍建寧拒絕了。他說，在長實，雖然工作忙碌，但是感覺不到老闆的壓力，工作環境讓他很開心。他說李嘉誠是「真的很重視人才」。也正因為如此，即使霍建寧早有實力獨自創業，他也甘願留在長實，做一個最有名的「打工皇帝」。

李嘉誠是一個真正愛才、惜才、重才的老闆，他不因為自己身分顯赫就頤指氣使。李嘉誠真正創造了一個真正人人平等的工作環境。每天上班邁進辦公樓，他會主動和每一個見面的同事打招呼。長實的員工說他們從沒有見過老闆李嘉誠罵過人，他總是和顏悅色的對待每個下屬，即使下屬犯了錯誤，他也從不發脾氣。李嘉誠尊重每一個人，尊重每一個人的勞動成果，他用自己的行動告訴他的員工，長實是一個如家般溫暖的所在。

第十三章 危險致富力

方法總比困難多

李嘉誠如今已是86歲高齡的老人，他一生在商場上叱吒風雲，經歷了多次經濟危機，幾乎每次都毅然挺立，甚至數次是在危機中實現了財富暴漲。

李嘉誠數次化險為夷的秘訣是什麼呢？

「現金為王」是李嘉誠一直信奉的經濟信條，不管是在經濟危機中，還是在經濟平穩期，他始終認真遵循著這四個字中體現出的經濟學原理。儘管李嘉誠旗下的企業資產龐大，橫跨地產、基建、電力、通訊、航運等多個行業，但是他始終堅持「高現金、低負債」的策略，以保有資金來應對瞬息萬變的市場行情。

李嘉誠能始終做到以不變應萬變，這正是他不同常人的高明之處。看似簡單的道理，在風雲急速變幻的市場裡，面對巨額的利益驅動，能切實做到這一點，實在是難能可貴。李嘉誠往往會在市場沒有出現明顯的下降趨勢時，就透過多種管道快速回籠資金，尤其是對那些有可能貶值的資產迅速清倉變現。這樣，一旦遇到市場行情變壞，就不會因為無法套現而陷入窘境。

李嘉誠對現金流的高度重視，在業內流傳甚廣。他經常說的一句話是：「一家公司即使有贏利，也可以破產，但一家公司的現金流是正數的話，便不容易倒閉。」

在李嘉誠提倡的「高現金、低負債」的財務政策下，他的企業資產負債率僅保持在12％左右。他的此項經營策略在長實的經營管理中也體現得淋漓盡致。

長實為防範地產業務風險擴散，一直非常注重保持全部負債一定要小於流動資產，因此，長實集團流動資產的總數始終保持在其總資產的75％以上。早先在1997年亞洲金融危機之前，長實流動資產的比例更高達85％以上。雖然李嘉誠實力雄厚、資產龐大，但是一直堅持保守的投資理念，曾經表明自己的投資策略「在開拓業務方面，保持現金儲備多於負債，要求收入與支出平衡，甚至要有贏利，我想求的是穩健與進取中取得平衡。」

1997年亞洲金融危機爆發之前，全球經濟形勢一片大好，各項經濟指標都攀升到接近頂點的位置。香港的經濟也出現了多年連續高速增長的態勢，股市、樓市一路飆升。深諳「盛極必衰，月盈必虧」道理的李嘉誠，此時更比往常提高了警惕。1994年4月起，香港政府推出了一連串抑制樓價攀升的措施。隨後，美國又連續七次調高利率。受這些因素的影響，香港的樓市價格有所下降，住宅樓價普遍下跌30%左右，香港樓市因此進入「調整期」。

眾所周知，李嘉誠旗下的長實集團主要從事的就是房地產業，外界的不利影響，將直接導致長實房產收益的大幅度減少。對了應對香港樓市「調整期」等因素，長實集團在當年採取了大幅降低房產長期貸款的措施，從而切實提高了長實的資產周轉率，保證流動資產高於企業負債率。

到1996年，香港經濟形勢回暖，房價和股價再次大幅度上漲，長實的流動資產淨值也隨之高速增長起來，但其長期負債率卻沒有因此一併提高，而是始終保持著先前的平穩增長速度。所以，1997年下半年亞洲金融風暴來臨時，香港很多地產商身處困境，受困於現金流的斷裂，動彈不得。而長實流動資產仍然大於全部負債，得以獨善其身。

「現金為王」的理念是李嘉誠能夠在遭遇危機時，保證資金流動和企業正常運轉的有力保障。從某種程度上也可以說，是否持有現金是關乎企業在面對危機時能否平安度過的關鍵因素。因此，李嘉誠非常清楚、明智地意識到了這點，往往會採取多種方式加快套現。

不論李嘉誠採取的是何種具體方法，其宗旨只有一個，就是要始終保證長實的流動資產足以覆蓋全部負債。即使是在金融危機下，長實的資產負債率也從來沒有超過15%。李嘉誠認為香港的地產公司非常依賴於從快速的樓房成交中回籠資金。一旦樓市的成交量萎縮，企業不能快速地回收資金，就會將自己擺在一個非常被動的境地中。也正是基於這個緣故，當遇到樓市低迷的市場行情時，長實往往採取低於競爭對手價格的策略加快資金回籠。

此外，李嘉誠還非常注意規避將地產風險波及到其他業務中，他透過對債務的調整管控，使得長實集團的整體負債不是與長實的整體資產相對應，而是使其僅僅與地產業務中的流動資產相對應。

正是基於李嘉誠的資金管理理念，使長實集團在每一次的金融危機中都能從容擺脫困境。對於「高現金、低負債」的秘訣，李嘉誠並不隱瞞，他曾經談到，「用各種各樣的辦法創造穩定的現金流是一些企業多年累積的成功經驗。」

仔細分析可以得知，李嘉誠旗下的公司全部都呈現出了穩健的財務狀況以及低負債率的特點。李嘉誠用長實集團每次安然度過經濟危機的事實，向人們詮釋了他始終信奉的「現金為王」的制勝法寶。

逆勢中順勢成長

在我們生活著的這個世界，總有一些規律是無法抗拒也無法打破的。比如四季的循環、晝夜的更替。在經濟學中，經濟危機就如同自然界的四時更替一樣，總有其自身的發展規律，周而復始，不可避免。

在巨大的經濟災難面前，不論是市井間的升斗小民，還是經濟界的富商巨賈，都無一例外的被它的威力所震懾。然而，不同的是，有人在危機面前丟槍卸甲、徹底淪陷，有人則在危機中「溯洄從之」，實現不退反進的「逆生長」。李嘉誠就是後者的典型代表。

1996年，在富比士全球富豪排行榜上，李嘉誠以106億美元的身價位於該榜香港富豪第三位，位於前兩位的香港富豪是恒基兆業的李兆基和新鴻基地產的郭炳湘兄弟。而在1997年亞洲金融危機爆發後，李嘉誠的個人財富非但沒有縮水，反而實現大幅度增長，於1999年首次登上華人首富的寶座，並蟬聯至今。

1997年下半年，亞洲金融風暴以風捲殘雲之勢席捲而來，香港的經濟形勢急轉而下，股票市場哀嚎聲一片。受其影響，銀行信貸緊縮，資產價格大幅縮水，地產價格暴跌，地產商投資顧望幾乎為零。各行各業都面臨著極其嚴峻的態勢。

長實集團也不例外的被這場突如其來的經濟風暴的烏雲所籠罩，隨著金融危機影響的不斷擴散，長實也出現了經濟衰退的現象。1998 年和記黃埔的各項業務開始出現萎縮，其地產業務的稅前盈利比上一年度縮減了 23 ％左右，而在零售、製造等業務上也較上年減少 37 ％左右，這在很大程度上影響了長實集團在海外及內地的多處投資。

在這種不利的情況下，和黃以出售部分公司的股權獲取了大量資金收益，平滑業績，使自己成功脫離了困境。首先，和黃出售了由其控股的寶潔和記有限公司 10 ％的股份。隨後，又分兩次完全售出了所持有 54 ％股份的亞洲衛星通訊的控股權。此外，和黃還在 1998 年將和記西港碼頭 10 ％的股權售出。

和記黃埔透過這三次資產出售，實現了收益 61.3 億港元。豐腴的資金保證了和記黃埔的正常營運，有效防止了危機在長實集團的進一步蔓延，也為和記黃埔在資金匱乏之時期大舉投資其他行業提供了可能。

亞洲金融危機的爆發同時也為和黃帶來了逆勢擴張、拓展多元化經營模式提供了絕好的契機。1998 年，長實集團從始終大力發展的住宅地產，過渡到出租物業等方面，雖然當時商業物業、寫字樓、工廠廠房物業也同樣受到經濟衰退的影響，但較住宅地產相對穩定，可以為長實提供更穩定的租金收益。李嘉誠的這一「轉型」舉措，讓長實當年的資產總額猛增 4 倍之多。正如他在長實集團1997年年報中所說：「現雖面對經濟放緩之環境，（長實）穩健中仍不忘發展，爭取每個投資機會，繼續拓展其多元化業務。」

在亞洲金融危機之後，李嘉誠更是成就了一段低谷拿地，繼而被業內奉為經典的案例。1998年1月，香港特區政府採取招標的方式先後出售了兩塊建築用地，分別是位於沙田馬鞍山的一塊酒店用地和位於廣東道前員警宿舍的住宅用地。按照慣例，政府不對以招標方式出售的土地限定底價，只對公開拍賣的土地限定底價。此次特區政府出售土地之所以不選擇拍賣的方式進行，是因為通常情況下，最高拍賣價往往只比次高拍賣價高出一個價位，而最高投標價往往要比次高投標價高出許多。再加上當時的地產市場已經非常不景氣，如若拍賣，可能會極少有地產商參與，參與的人少，就意味著拍賣不出滿意的成績。

讓港府沒有想到的是，投標開始後，香港特區地政總署僅僅收到了兩份標單。長實集團是其中之一，它以1.2億港元的最高投標價輕鬆得標，取得了實際價值10.56億港元的沙田馬鞍山土地；又以28.93億港元的標價獲得市值40億港元的廣東道土地開發權。使得長實獲得的這兩處土地都大大低於市場平均價。

李嘉誠銳意進取的遠見卓識，在這次拍賣土地事件中顯現得淋漓盡致。他不僅僅抓住了經濟衰退期競爭者銳減的客觀原因，還大膽投資，把握住了難得的機會。

時機、準確的判斷、經驗、理智、膽識，成就了李嘉誠「低谷拿地」的神話。也正是因為他本身的這些特質，讓長實集團在經濟危機中逆流直上，攻克險灘。

驚魂動魄的插曲：李澤鉅綁架案

1996 年 5 月 23 日，對李嘉誠和他的家人而言，是記憶深刻的一天。這一天之所以令眾人印象深刻，不是因為它是什麼特別的紀念日，而是因為在這一天之內曾數次驚出了李家所有人的冷汗，它的驚險程度是李嘉誠數十年來身處任何險境都無法比擬的。

所謂「樹大招風」，一點不假。李嘉誠身家上百億的富豪身分，讓無數人羨慕。很多人一輩子可能也賺不了一百萬，「百億」對他們來講，究竟是個什麼概念，很難說清楚。

李嘉誠透過自己的勤奮努力，成為一代富豪，他的故事激勵著千千萬萬同樣處在社會底層的普通百姓，讓人們看到了勤奮的力量，看到夢想的價值。可是，還有一些人，從李嘉誠身上看到的是不勞而獲的暴利，為了此種目的，他們不惜鋌而走險。

1996 年 5 月 23 日下午，李嘉誠的長子李澤鉅下班後像往常一樣坐車回家，結束了一天工作的李澤鉅輕鬆的享受著回家途中的短暫休息時間。在經過壽臣山道時，司機突然一個急車，把車停在路中央。本來在車中閉目小憩的李澤鉅看到他的車前橫著一輛從路邊樹叢中衝出的越野車，從越野車上下來三個手持短槍、一個手握大錘的人，示意李澤鉅下車。驚恐中的李澤鉅馬上意識到發生了什麼，很顯然，這夥人是做好準備在路邊等著他的車開過來的。當李澤鉅拿起手中的行動電話準備報警時，手握大錘的人毫不猶豫砸碎了李澤鉅所乘車輛的前擋風玻璃。

李澤鉅被綁架後，綁匪命令李澤鉅的司機開車回家報信，並警告他，如若報警，後果自負。20分鐘後，李嘉誠家中一片混亂。當時，李嘉誠還在外開會，並不在家。等李嘉誠得知兒子被綁架的消息後，後背不禁泛起一陣涼意。面對飛來的橫禍，經過許多大場面的李嘉誠強迫自己鎮定下來。他很清楚綁匪選擇李澤鉅的目的是為了錢。出於對兒子安危的考慮，李嘉誠沒有報警，他目前能做的，只能是靜靜的等待綁匪打來電話。

綁匪很快來了電話。對方聲稱自己是張子強。張子強的名字在當時的香港幾乎無人不知，無人不曉。他曾兩次搶劫香港數家金店和一輛運鈔車，犯案金額達上億港元。電話裡，張子強和李嘉誠約定半小時後他將前往李嘉誠家中談判，並再次聲稱，如果李嘉誠報警，他的「省港奇兵」軍團將對李澤鉅不利。

李嘉誠覺得等待張子強上門的這半小時，比平時的24小時還要長。出乎李嘉誠意料的是，張子強居然單槍匹馬一個人前來談判，並且一開口要求李嘉誠立刻付給他20億港元的現金。李嘉誠說，短時間內籌齊20億港元是不可能的，他只能想辦法湊足10億港元現金，並且當著張子強的面打了電話給銀行，以證實自己所言不虛。

為了穩住張子強，李嘉誠先行拿出家中的4000萬港元，並承諾10億現金第二天必付。張子強從李嘉誠家中僅帶走了3800萬港元，按他的說法是四千的數字不夠吉利。第二天，李嘉誠準備了10億現金分兩次交到張子強手中。拿到錢的張子強，倒也義氣，立刻放李澤鉅回家，李澤鉅毫髮無損，平安歸來。

回到家中的李澤鉅僅過了一天就照常去公司上班。這驚心動魄的一幕，沒有驚動任何人，外界一無所知。從外界看來，李家的唯一變化是李嘉誠家中外出的車輛全部換了防彈玻璃，又增派了幾名貼身保鏢護送家人外出。

直到1998年張子強在廣東落網，交代了自己的罪行，李澤鉅曾被挾持一事的細節才曝光在公眾面前。2013年李嘉誠在接受《南方週末》採訪時曾談及此事，據李嘉誠透露，後來張子強又打來電話說李嘉誠給他的10億贖金已經被他全輸在了澳門的賭場，他希望李嘉誠給他指出一條保險的生財之道。

李嘉誠回答說：「我只能教你做好人，不然，你的下場將是很可悲的。」

李嘉誠在向記者回憶這件事時，語氣平靜，好像在講一段別人的故事。其中的驚險和恐懼，似乎都已隨時間飄逝。

第5篇 有目標地做事業，有理想地做自己

（1999年71歲～2008年80歲）

當一個人在一個較小的群體中做出成績後，在別人不住的稱讚聲中，很容易感到飄飄然，因著成就感而自我滿足、不思進取。如果這樣，這個人不論是事業還是其他方面，都不會再有更大的進步空間。

然而，富有智慧的人，在暫時的成功後，總會瞄準下一個更大的目標和更強的競爭對手，邁開腳步，進行新一輪的追趕與超越。

李嘉誠經過幾十年的商海拚搏，帶領長實集團成為一個資產遍佈全球52個國家和地區的國際性企業，他仍未止步。他順應經濟全球化的潮流，加大投資，要在世界市場上施展他超人的商業才智。

第十四章 公與私的兩面

千禧年來了

時光飛逝，歲月如梭，轉眼就到了世紀之交的1999年。

這一年的年底，李嘉誠比往年更加忙碌。各種盛大的跨年晚會都力邀他加入，在長實集團內部，大家也都希望在這個特殊的日子裡，能與李嘉誠一起迎接新紀元的到來。千禧年的如約而至，彷彿一夕之間讓每一個人都比往年更願意回顧自己究竟給生活留下了些什麼，也對新世紀之初有了更多的期待。

年已過70的李嘉誠也被大街小巷的熱鬧氣氛感染了，處處都張燈結綵，每個人都喜氣洋洋。李嘉誠的辦公室和家裡，也都被有心的秘書和管家適當的做了裝飾，讓人的心情也好像街上不時行走過的舞龍舞獅隊一樣，似乎要飛躍起來。

這一天，李嘉誠驅車前往香港皇家高爾夫球場，準備在球場和不常見面的老朋友們聊聊天，並互祝新年的到來。在休息室，他看到一份報紙上刊登著香港特區政府將於12月31日晚在香港跑馬地中央草坪舉行盛大的千禧年跨年慶典活動，期間將有賽馬表演。李嘉誠向來對娛樂活動並不十分關注，但這則新聞裡「賽馬」兩個字，卻吸引了他的目光，前塵往事不禁浮上心頭。

李嘉誠18歲時，因為難得的機遇，讓他遇見了對他個人事業有啟蒙意義的萬和塑膠公司老闆王東山。雖然那時的李嘉誠還十分年輕，但王東山並沒有因為李嘉誠年紀小而輕看他，反而對他十分器重，李嘉誠初到公司就升任銷售部的經理。對這一切，李嘉誠除了感恩，也暗下決心要用出色的推銷業績來報效公司。

言易行難，這句話對任何一個人都是適用的。李嘉誠初到萬和塑膠公司時，業績並不突出。那時，塑膠製品在香港還屬於起步階段，很多人並沒有認識到這種新型產品的優勢，當李嘉誠走進許多大公司要求推銷產品時，都被無情的推出了門外。面對這樣不利的環境，聰明的李嘉誠採取了從側面切入的戰術。

他跟大酒店的員工交朋友，親身試驗塑膠灑水壺的優點，員工們雖然很喜歡用李嘉誠的新產品，但他們卻告訴李嘉誠，他們只有在產品部規定下選擇使用工具的權利，李嘉誠要想他們酒店訂貨，一定得找到酒店產品部經理才可以。但這家酒店產品部的經理根本連李嘉誠的面都不見。無奈之下的李嘉誠只能再次回到員工之中，打聽經理的有關情況。他聽說這位經理有個兒子，十分喜歡賽馬，整體纏著經理帶他去看賽馬，經理雖然十分疼愛兒子，但工作繁忙，根本抽不出時間陪兒子，這讓經理很煩惱。李嘉誠覺得這是一個絕好的機會，他讓酒店員工搭橋，讓李嘉誠和經理的兒子交上朋友，自掏腰包帶經理的兒子去跑馬場看賽馬。後來經理知道了這件事，當即訂購了李嘉誠近五百只的塑膠灑水壺。

算起來這件事已經過去了半個多世紀，太過久遠，久遠到李嘉誠已經不記得那家大酒店的名字，只依稀記得那位經理好像姓謝。可似乎又只發生在昨天，他明明還清晰的記得踏進經理辦公室那一瞬間既期待又強裝鎮定的心情。

人們常說：「人生七十古來稀」。在如今的社會，70歲甚至更高齡的人並不少見，但如李嘉誠這般身價百億的老人就是鳳毛麟角了。

1999年，李嘉誠首獲亞洲首富的殊榮；被美國《時代》週刊評為千禧年企業家；被英國《泰晤士報》選為千禧年企業家獎得主；被英文版《亞洲週刊》選為亞洲區五十位最具權力人物之一；還獲得了英國劍橋大學榮譽法學博士……

可以說，1999年的李嘉誠身上籠罩著無數由財富得來的榮譽光環，這些光環讓他站在了全球華人最渴望的高位上，可是取得光環背後的辛酸，只有李嘉誠自己最明白。

幾乎經歷了整整一個世紀的李嘉誠，歷經滄桑。經歷了抗日戰爭的動盪，見證了日本投降，看到了新中國成立，參與了改革開放和香港回歸的歷史性轉變……李嘉誠覺得自己或許做出了一些成績，但和浩蕩的大時代相比，他只如其中的一粒石般微小，他做得遠遠不夠，能做得還很多很多。

身為父親，他要更快的讓兒子們成長起來，自己要教他們的還很多，身為華商領袖，他要更緊的抓住這個時代的氣息，開拓新的領域，感受新世紀裡科技的繁榮帶給人們的改變，還要用自己的號召力，為這個他無比熱愛的、飛速發展著的國家貢獻更多的力量、幫助更多需要幫助的人們。

李嘉誠覺得，世紀之交的他，還很年輕。

我的第三個兒子：李嘉誠基金會

在2006年度「中華慈善獎」的頒獎典禮上，李嘉誠榮獲「中華慈善獎終身榮譽獎」，以表彰他長期為慈善事業做出的貢獻。「中華慈善獎」是中國民政部在2005年設立的中國慈善事業最高政府獎項。榮膺此獎項，也是對他多年來對慈善事業貢獻的高度褒獎。

早在1980年李嘉誠就創辦了李嘉誠基金會，用於資助在教育、醫療、文化及其他領域的公益事業。他幽默地把這個基金會當作他的「第三個兒子」。

近年來，李嘉誠在接受記者採訪時，也不無風趣地說：「我最近常常對人說，我有了第三個兒子，朋友們聽說後都一臉不好意思的恭喜我。我是很高興，我不僅愛他，我的兒子也將愛他，我的孫兒也將愛他。我的基金會就是我第三個兒子。」

2006年他曾經公開表示過他會將自己遺產的三分之一留給「第三個兒子」。到2008年，李嘉誠基金會捐出去的金額已經超過80億港元，其中絕大多數的資金用於在中國內地、香港的教育、文化、醫療等行業開展公益項目。

李嘉誠曾在許多場合公開表示過自己最欣賞的人物是中國古代的范蠡和美國的富蘭克林。眾所周知，范蠡是我國春秋時期著名的政治家、實業家，他在幫助越王勾踐復國後，看破時局，離開了越國，後來積聚了大量財富，把自己的財產分散給尋常百姓，再聚財、再散財；富蘭克林成為美國著名的實業家後，一生致力於從事公益事業，成為美國「最偉大的公民」。

很多人說李嘉誠有兩個事業，一個是賺錢的事業，一個是捐錢的事業。的確如此。李嘉誠自己在接受《南方週末》記者採訪時也說：「我對賺錢的重視程度不及捐錢。」2007年5月，美國《時代》雜誌公佈全球「最有影響力的慈善家」，李嘉誠名列其中，與比爾·蓋茲齊名。

李嘉誠少時失學的經歷，成為他終身的遺憾，因此，李嘉誠對教育領域極為關注。李嘉誠捐助創辦汕頭大學。從創辦伊始到2008年間，他相繼捐款52次，金額共計17.7億港元。

1999年，他主動提出與國家教育部合作設立「長江學者獎勵計畫」和「長江學者成就獎」，並一直對這兩個計畫進行捐款。以「長江學者獎勵計畫」為例，截至2008年，李嘉誠為這項計畫捐款1億3千萬人民幣。

1998年，北京大學百年校慶之際，李嘉誠及其旗下的長實集團共捐款1000萬美元興建了北大圖書館新館。新館總面積超過5萬平方米，可容納藏書650萬冊，提供閱覽座位4500個，成為亞洲高校規模最大的圖書館。

2000年，李嘉誠基金會與三聯《讀書》雜誌合作創立「長江《讀書》獎」，用於表彰用中文書寫的學術與思想文化著作，每部獲獎作品的獎金為30萬元。

此外，李嘉誠基金會還為貧困癌症患者提供了幫助。李嘉誠基金會捐建的寧養院始於1998年，專門針對臨終患者及其家屬的特別關懷照顧。截至2008年，已經為超過七萬貧困癌症患者提供有效緩解痛苦、心理慰藉、臨終關懷等服務。

李嘉誠在2007年接受央視《名人面對面》欄目採訪時，談到過自己的財富觀，他認為，「『富貴』兩個字，它們不是連在一起的。其實有不少人，『富』而不『貴』。真正的『富貴』，是作為社會的一分子，能用你的金錢，讓這個社會更好、更進步、更多的人受到關懷。內心的富貴才是財富。」他說：「我首先是一個人，再而是一個商人。公益事業，讓我找到內心富足的人的人生座標。」

也許，這些話能夠道出久經商海打拚之後，李嘉誠從容淡定、胸襟廣闊、回報社會的人生境界，也是他將基金會比作自己的「第三個兒子」並如此鍾愛的原因所在。李嘉誠將基金會視為自己的「第三個兒子」，傾注的不僅僅是捐款，更是個人情感的投入。他希望第三個兒子能夠將自己所取得的財富貢獻給社會、造福社會。也正是他的投入使得基金會在教育、文化、醫療衛生等領域都取得了良好的實效，展現了一個富有社會責任感的企業家回報社會，用自己的財富來改變社會現狀，推動社會進步的寬廣胸襟。

李澤鉅與李澤楷的養成

在眾人的目光中，李嘉誠是身價過百億的大富豪，是華人商業界的一面旗幟，是熱心公益事業的大慈善家。但在李澤鉅和李澤楷的眼中，李嘉誠是一位事業有成、為人耿直、秉性溫和的父親，僅此而已。

富家子弟往往容易被輕易劃定到紈綺子弟的行列中，對此，李嘉誠內心也有擔憂。他知道孩子若是永遠長在溫室裡，日後必然不能承受風雨的考驗。特殊的家庭地位如果不加以正確的引導，孩子們很容易養成具有惰性和強烈優越感的一代，到那時再試圖改變，為時晚矣。素有遠見的李嘉誠很早就考慮到，總有一天，兩個兒子要離開他的羽翼保護，也會接觸社會，面對各種人際壓力和生活歷練。因此，如何進行教育，是他在家庭生活中最重要的課題。

1964 年，李嘉誠的長子李澤鉅出生，36 歲的李嘉誠初嘗當父親的喜悅。兩年後，次子李澤楷誕生，家裡變得更加喜慶。看著虎頭虎腦的兩個兒子，李嘉誠心裡有說不出的喜悅。他知道，從今以後，有一項十分艱巨又只有他才能完成的任務在等著他。李嘉誠開始為教育兒子煞費苦心。他的教子之道，最關鍵的，一是從小灌輸，自幼培養；二是言傳身教，親身實踐。

李嘉誠對兒子們的教育開始得很早。在兩個兒子 3、4 歲的時候，李嘉誠夫婦倆便給他們請了一位英語教師。並且在家中，他們夫婦間也用英語進行交流，試圖給兒子們創造一個良好的語言環境。雖然當時的香港，英語是主要語言，遲早能學會，但是李嘉誠認為，學語言還是越早越好，儘早讓英語這門語言融入進他們的生活裡，對孩子們的益處很大。

在李澤鉅和李澤楷兩兄弟還很小的時候，李嘉誠就常帶他們去坐巴士，看路攤賣報的小女孩一邊賣報一邊讀書，這時候李嘉誠也會觸景生情的對他們講起自己小時候邊打工邊「搶學問」的往事，他希望在帶兒子們接觸外界的過程中，對豪宅外的世界有一定的印象和瞭解，讓他們知道人生也有苦難，並不都是他們睜眼來到這個世界所見慣的樣子。他希望兒子們能夠明白幸福難得，必須依靠勤勞、勇敢、努力，靠真材實料的打拚得來。

李嘉誠認為：「雖然他們還小，但是我想早期啟蒙教育會讓他們從小知道父親創業的艱難，學習父親頑強拚搏的精神，長大了才能成為棟樑之材。如果現在放鬆了對他們的早期教育，他們成了只知道吃喝玩樂的紈絝子弟，再進行教育就遲了。我所做得這一切其實只是想讓他們學會獨立面對生活和社會的一切。」

這種艱苦意識的培養，是一個富商對孩子在品格的養成上寄予的高度期待。李嘉誠希望他傾力培養的兩個兒子都能夠成長為同情勞苦人民，同時又能吃苦耐勞的人。他要讓他們知道，任何事情都不是一蹴而就，任何看似顯赫的成果都是用最不顯眼的辛勞換來的。

因此，在李澤鉅與李澤楷才8、9歲時，李嘉誠便時常讓他倆旁聽董事局的會議，既進行了商業薰陶，又能夠讓他們親身體會自己成功背後的艱辛。會後，李嘉誠鼓勵孩子提出疑問並耐心答疑，為兄弟倆的早期商業教育打下了堅實的基礎。李澤鉅曾毫不掩飾的說，自己第一次深切感受到團隊協作的重要性，就是年幼時隨父親一道開會和身赴建築工地時觀察到的。

李嘉誠認為，家庭的經濟基礎越好，孩子就越容易重心不穩，越容易被生活的殘酷打垮，因此他希望他的兩個兒子，能夠像他一樣，在夾縫中求生存，在生活中獲取充分的獨立性，面對困難時更要有不認輸不氣餒的進取精神。

生活上，李嘉誠又與其他富商不同。他從來沒有用私家車接送過兒子，而是要求他們像普通人一樣擠電車上課回家。他的目的在於，透過與平民一樣的生活體驗，能夠讓孩子們學會戒奢從簡，不肆意追求高品質生活，並且在電車這種能夠接觸到各類人群的地方，能夠由小及大，瞭解不同職業和階層的人們的特徵，令他們透過一個小窗口看到社會的艱辛。由此，李澤鉅李澤楷兩兄弟才能夠成為懂得體恤和同情別人的人。

另一方面，李嘉誠自身受傳統教育的影響很大，因此，每逢週末，他一定會利用一切機會給兒子們補課，讓他們接受國學思想的薰陶。李嘉誠說：「他們一定要聽我講話，我帶著書本，是文言文的那種，解釋給他們聽，問他們問題。我想，到今天他們未必看得懂文言文，但那些是中國人最寶貴的經驗和做人宗旨。」

有了這些教育的基礎，等到兩個兒子在香港頂級名校聖保羅學校讀完小學和中學，李嘉誠就對他們放心多了。李嘉誠早年失學，很希望自己的孩子能接受最優秀的教育。他決定讓兩個兒子出國留學深造，一方面希望他們吸收先進的科學文化知識，另一方面，希望他們有獨特的看待周邊世界的眼光和視角，並且培養他們獨立生存的能力。

李嘉誠作為父親固然愛兒子，但他從不對他們過分寵溺。在他看來，所謂教育，教的是人，育的是行，真正能夠讓孩子受用一生的，是良好的品格和獨立的精神。

李澤鉅和李澤楷兩兄弟拜父親「所賜」，小時候吃了不少苦。不過如今，他們對父親充滿感激。因為磨難不僅僅教會了他們怎麼克服困難，更豐富了經歷，磨練了意志。況且這種「磨難」與父親小時候相比，簡直不值一提。

第十五章 兩代人

有其父必有其子

常言說得好：「虎父無犬子」。用這句話來形容李嘉誠家中的父子兩代人，恰到好處。曾經被李嘉誠悉心照顧的兩棵幼小的樹苗，如今已經成長起來，變成了可以為家人遮風擋雨的參天大樹了。

如果說初入職場的李澤鉅和李澤楷還時常籠罩在父親耀眼的光環下，那麼，如今的兄弟倆已經成長為能獨擔大任的商業新秀。2003 年，李澤鉅被美國《時代》雜誌評選為「2003 年全球最具影響力企業家」之一；李澤楷在 1998 年即被《時代》雜誌評為「全球三十位科技界菁英」之一。這兩個稱號只是李家兩兄弟所獲眾多全球性榮譽之一，他們今天的成就，和自身的努力分不開。

李嘉誠的長子李澤鉅出生於1964年8月1日，性格平和，為人低調，像極了父親謙虛審慎的為人風格，這是業內外人士一致公認的事實。1985年，李澤鉅美國史丹佛大學畢業，旋即進入長實，跟隨父親學習經商之道。因為李澤鉅的身分，曾有人提議他進入長實董事局，被李嘉誠拒絕，因為他不想兒子一步登天，他要讓兒子像普通員工一樣一步一腳印走出一條踏實的道路，李嘉誠認為，如果李澤鉅夠優秀，誰也擋不住他高升的腳步。

李澤鉅不負父望，在進入長實的第二年，便獨自承接了加拿大萬博豪園這個被稱為「加拿大有史以來最大的一個地產發展項目」，並創造了兩個小時賣一幢大樓的紀錄。在負責萬博豪園項目的過程中，李澤鉅作為工程具體實施負責人，從選址、競標、設計直到竣工，都不遺餘力的投入其中。並且獨自與當地政府交涉，完美的安撫了當地部分居民的「排華」情緒。「萬博豪園」的成功開發可以看作是李澤鉅事業的起點。

李嘉誠在這件事中，看到了兒子的商業能力以及頑強刻苦的工作毅力，還有面對突發事件的決斷力和膽識。因此，在1989年長實內部再次有人提出吸收李澤鉅為長實董事時，李嘉誠不再反對。也可以說，這是李澤鉅自己努力爭取來的。

這之後，李澤鉅又參與收購加拿大赫斯基石油公司；1996年以長江基建集團主席的身分，負責分拆長實集團旗下的長江基建上市，獲得超額認購25倍的功績；2003年成功獲取加拿大航空公司31%的股權。幾年間，李澤鉅的身分也從起先的長實集團「掛名」董事變為身兼數職：和記黃埔副主席、長江生命科技集團主席、香港電燈集團執行董事、赫斯基能源公司聯席主席。長江基建集團主席。

從李澤鉅進入長實集團開始，他就用帶有全球性策略的新目光幫助長實集團更廣泛的開拓海外市場，使長實集團從香港著名的華資企業逐步轉型為真正的國際企業。近幾年來，李澤鉅更是大手筆，除了收購英國天然氣供應商WWU，又完成了對英國電網和供水網路兩大業務的收購，難怪英國媒體稱李澤鉅「幾乎買下了英國」。

俗話說：「龍生九子，子子不同。」與哥哥李澤鉅低調嚴謹、聽從父命的個性完全不同，弟弟李澤楷個性張揚豪放、略顯「叛逆」，他曝光在公眾視野的機率也比哥哥高出數倍。

李澤楷，1966年11月8日出生，曾和哥哥一樣，就讀於美國史丹佛大學，主修電腦工程。畢業後在加拿大打工兩年，經歷了一番在異國辛苦飄蕩的遊子生活。1990年，興許是厭倦了在外勞頓的生活，李澤楷順從父意返回港島，進入父親的公司學習業務。自此，他的人生開始悄然改變。

剛進公司時，李澤楷被安排在和記黃埔旗下的和記通訊公司，負責電腦工程相關的工作。對此，李澤楷雖然心有不甘，但還是接受了下來。讓李澤楷留下來的原因，倒也並非是父親的榜樣作用，而是他對於衛星電視的興趣和對其未來前景的樂觀估量。

在和記通訊的李澤楷排除多方困難，使「衛視」成功上馬，後又轉手將其賣掉，淨賺4億美元，達到原有投資額的6倍之多。李澤楷的經營頭腦贏得各方讚譽。父親李嘉誠看到兒子的成就，準備委以其更高職位——全面掌管和黃集團，另有打算的李澤楷拒絕了父親的好意，他用賣掉衛視賺來的4億美元為本金，創立了屬於自己的盈科集團，在新加坡上市後改為「盈科拓展」，業務領域主要包含地產、酒店、保險等。

而後，李澤楷考慮到香港經濟發展需要軟體發展業務的推動支援，他便提出數碼港的構想，即成立「香港矽谷」，並且順利得到了政府的批准。這一專案發展權的取得，成為李澤楷事業起航的關鍵。之後，李澤楷乘勝追擊，順利收購香港電訊，進行了亞洲迄今規模最大的企業併購。收購後的新公司逐漸成長為一家市值超過長和系，達到700億美元以上的網際網路企業，全港第三大市值公司，僅次於中國電信及滙豐銀行。

迄今為止，李澤楷沒有進入父親的商業帝國，始終獨自單飛打拚。對此，李嘉誠並未顯露出遺憾，相反，他看到小兒子能為了自己的理想奮鬥，心頭自有一份安慰。

身為父親，看到昔日牙牙學語的兩個兒子，如今都變得羽翼豐滿，不論是留任長實的長子李澤鉅，還是自立門戶的次子李澤楷，都如他所望，成為健康強壯、富有愛心、精明能幹的有為青年，讓他感到由衷的開心與欣慰。

比爾・蓋茲的援助

被稱為「小超人」的李嘉誠的次子李澤楷，屬於典型的新時代商人，他的經商理念與父親那一輩完全不同。在李嘉誠的時代，任何一場收購，付出的都是真金白銀的較量，必須要壓倒、打敗對手，才能在激烈的競爭中得到擴張的機會。而李澤楷付出的往往是成熟的科技概念、成功的資本營運、完美的聯合式經營，就能為自己創造巨額財富。

由他宣導的「數碼港」項目，便是這種新型經營模式的典型例子。「數碼港」一役，李澤楷成功借殼上市，使他的身家從不足20億港元，一躍超過百億港元，也有人因此戲稱，李澤楷一天賺了他父親一輩子賺的錢。

畢業於美國史丹佛大學的李澤楷，對美國矽谷的發展歷史相當熟悉。由於他本人曾主修電腦工程，對新科技領域的興趣濃厚。一直以來，他也極為看好科技發展的巨大前景。1990年，李澤楷回港後，先是協助父親成功上馬「衛視」，後獨自創業，成立「盈科集團」。他以美國矽谷的形成為背景，結合香港特區政府發展香港高科技的理念，提出在香港建立「數碼港」的大膽構想。

「數碼港」通俗的說，是以發展科技的理念結合地產投資，在香港建立類似美國矽谷形式的高科技工業城。李澤楷針對這一項目，對香港《壹週刊》解釋說：「香港已經錯過了硬體浪潮，數碼港可推動香港趕上軟體浪潮。為此，數碼港應能提供和外國其他科技城市相比有競爭力的租金，藉此吸引有實力的高科技公司和軟體公司來港投資。」

經歷了數次經濟危機後的香港，其金融中心的地位日漸受到威脅，特區政府擬發展香港的高科技產業來帶動金融、地產、運輸等傳統行業，這正與李澤楷的「數碼港」計畫不謀而合。於是，在1998年6月，李澤楷正式向香港政府提出「數碼港」計畫。李澤楷表示，建成後的「數碼港」應達到可容納30家大中型科技公司和100家小型科技公司的規模，並在此基礎上，形成一個以各家公司科技聯合為主，並相容辦公大樓、住宅新區、資訊廣場為一體的新型「香港矽谷」。

「數碼港」的概念一經提出，立刻引起了香港各界的廣泛討論。李澤楷在給港府的建議書中，提到盈科集團只負責項目牽頭和概念實施，而興建「數碼城」的資金全部由政府承擔。當時香港剛經歷了亞洲金融危機，香港經濟正處於低潮期，要政府一時之間拿出如此大筆的投資款項，實在不是件容易的事，再加上「數碼港」本身概念性過強等問題，港府遲遲沒有批准此項目。

李澤楷雖然不斷四處奔走，向各方推銷「數碼城」計畫，但仍是進展緩慢。就在他一籌莫展的時候，一個人的出現，為李澤楷的「數碼港」助了一臂之力。這個人就是世界科技界的頂級人物，微軟公司主席比爾．蓋茲。

1999年3月8日，比爾．蓋茲來港推廣微軟一項新科技成果「維納斯」計畫。李澤楷得知這一消息後，立刻趕往酒店會見比爾．蓋茲，向這位世界級科技界大亨介紹自己的「數碼港」計畫。

比爾．蓋茲聽了李澤楷的介紹後，對這一構想大加讚賞，他對李澤楷說：「印度有30萬人口從事電腦軟體出口工作，但中國少於1萬人，其實香港可以充當橋樑的角色。」同時，比爾．蓋茲還表示，「數碼港」可以幫香港走上資訊高速公路，並以此提升城市的科技形象。

比爾．蓋茲與李澤楷會面後的第二天，香港各大媒體紛紛爆出世界首富讚賞小超人「數碼港」計畫的新聞，引起了特區政府的關注。不僅如此，比爾．蓋茲還用實際行動表示了對李澤楷的支持。他在此後數次於香港的公開演講中，均提到了李澤楷的「數碼港」計畫，比爾．蓋茲利用自身的影響力免費為「數碼港」計畫做宣傳，得到世界頂級科技人物肯定的「數碼港」頓時身價大增。

此後不久，「數碼港」計畫再次得到香港特首董建華的支持。最終港府與李澤楷達成協議，港府出資60億港元投資該專案，佔總投資額的46%，其餘投資金額由盈科集團負責。據估計，該項目建成後，盈科約可盈利37億港元。

「數碼港」專案，從計畫提出到正式實施，始終備受媒體的關注，李澤楷也利用媒體的優勢，提高「數碼港」的出鏡率。李澤楷推廣「數碼港」的整個過程，實際上走的都是概念推廣的模式，這與父親的推廣模式完全不同。同時，他也懂得利用比爾．蓋茲的強大影響力為自身造勢，提升項目本身的價值。利用傳媒和概念相結合的方式，這不得不說是李澤楷在新科技時代摸索出的一條推廣新路。

對此，也有人認為李澤楷之所以成功推出數碼港，與其父李嘉誠在香港政界與商界的巨大影響力有關。李嘉誠在一次與大學生的見面會上對此問題做出回答：「李澤楷做得那個數碼港，由開始到成功，我從沒找香港政府的任何一個人去拉關係。我這個人有我直接的人格，我不是這麼容易去求人。」由此也可看出，父子兩代人經營理念上的差異。

高調午餐：為子站臺

小超人李澤楷憑藉自己的獨到投資理念和對新科技領域的前景認識，在香港一舉成名。他的身價陡增，「盈科集團」也越來越被業內人士熟知。李澤楷面對自己取得的成績，感到十分驕傲，以此勢頭發展，李澤楷超越其父李嘉誠，並不是不可能實現的。

對兒子李澤楷取得的成績，李嘉誠表面上並不表示反對，但實際上他是充滿深深的擔憂的。李嘉誠一生在商海鏖戰，歷經風險無數，每一次穩紮穩打的進步，都是緊察時局、審慎決策換來的。看著兒子不同於自己的經營方式，幾乎每次都是大手筆的速戰速決，李嘉誠為李澤楷捏了一把冷汗。但他深知李澤楷的個性倔強，如果直接勸他謹慎行事，反而會適得其反，作為父親，李嘉誠只好在暗處默默關注著李澤楷的一舉一動。

近幾年來，李澤楷雖然平步青雲，做出了許多不凡的成績，實際上，他所做出的許多決定，並不是完全沒有危機的。1997年，李澤楷投資日本地鐵站房地產項目，斥資80萬港元，可謂膽識過人。他的此項投資，也成為了日本近10年來最大一筆外資投入。如果在經濟環境明朗的背景下，李澤楷此舉定能為他的戰績再添上濃墨重彩的一筆。

無奈世事難料，不久後，亞洲金融危機爆發，東京樓市、股市不斷下滑，盈科集團面臨前所未有的危機。這時，身為父親的李嘉誠伸出援手，和黃集團向李澤楷在東京的地產項目注資29億港元，換取了李澤楷此專案45％的股權以及1.7億港元的業務管理費。此事看起來是和黃與盈科的股權交易，實則是父親為兒子分散了將近一半的商業風險。

此後，李澤楷並未有所收斂，反而動作越來越大。1999年5月，他所創立的「盈科集團」急急在新加坡上市。三個月後，李澤楷再次震撼出擊，他宣佈盈科與英特爾公司合作，並佔有英特爾公司大部分股權。同月，李澤楷又宣佈已斥資5400萬港元，收購外資企業OUTDLAZE 20％的股權。小超人成績斐然，世人稱讚。

但在父親李嘉誠看來，李澤楷接二連三的驚人舉動，無異於在險惡商海中騰雲駕霧，稍有不慎，就會掉下雲端。他擔心羽翼未豐的李澤楷太過冒險。當李嘉誠再次得知小兒子與美國的CMCL公司就雙方股權問題進行談判時，李嘉誠急忙打電話給兒子，希望他放緩擴張的腳步。然而，李澤楷有自己的考量，並未把父親的勸告放在心上。事實證明，他在東京地產事件後的一連串決定都是明智的，盈科在李澤楷的帶領下，一路狂奔，日漸成為了一家有國際知名度的大公司。

很顯然，李澤楷的資本擴張方式與父親李嘉誠完全不同。李嘉誠一生打的都是有準備之戰，作戰手法以保守穩健著稱。而李澤楷作為新一代的企業家，他的每一次擴張，都是憑藉股票上市這種看似危機重重的方式，實則是在危機中尋求商機的方式。股市的風險不是某個個人能夠決定的，一旦遇到經濟大環境的變動，任何事情都有可能發生，這也難怪做父親的要為兒子擔憂了。

嘗到股市甜頭的李澤楷，在2000年初再次爆出驚人舉措，他宣佈要收購香港電訊集團公司。香港電訊是香港一家老牌英資集團，實力雄厚。此前，新加坡政界人士李光耀之子李顯揚所領導的新加坡電訊公司以及世界傳媒大王默多克的新聞集團，正為爭購香港電訊拚了數個回合未見勝負，李澤楷的加入顯然會使此次的爭購大戰更加激烈。

很顯然，李澤楷只看到了此次收購香港電訊的利益因素，並未考慮到如果失敗，對手強大的政治及經濟背景對他將意味著什麼。李嘉誠看到兒子的這個計畫不禁又多了份擔憂。但事已至此，李嘉誠的擔憂已經於事無補。

最終，李澤楷以一己之力說服多家銀行為其提供貸款，以285億美元的高價打敗新加坡電訊及新聞集團，獲得香港電訊54%的股權，李澤楷此舉也成就了亞洲迄今規模最大的一次企業併購。併購香港電訊業成為了李澤楷事業中一次著名的以小搏大的戰役，隨後，盈科集團與香港電訊合併組成的「電訊盈科」（簡稱：電盈），搖身一變成為了一家市值超過700億美元的網際網路公司。輝煌成就的背後，是李澤楷背負130億美元銀行債務的代價。

「禍福兩相倚」，李嘉誠擔心的事情終於還是發生了。2000年下半年，全球網際網路泡沫破裂，受其影響，電訊盈科股價直線下跌，到2000年年底，電盈虧損額已近30億美元。再加上銀行貸款的壓力，萬般無奈的李澤楷向澳洲電訊公司出售電盈60%的股份，以求套現降低其負債率，但仍無法改變股價繼續走低的趨勢。

2001年1月時，電盈股價由半年前的每股18元降到每股不足4元，電盈的大小股東怨聲四起，社會輿論壓得李澤楷喘不過氣來。李嘉誠看到這樣的情況，再次向兒子伸出援手，這一次他沒有選擇向電盈注資的方式，而是利用自身影響力幫李澤楷造勢，使電盈股價回升。

1月19日中午，大批記者擠在香港香格里拉酒店，準備採訪時任新加坡副總理的李顯龍。突然，華人首富李嘉誠及次子李澤楷出現在眾人面前，父子倆穿過酒店大廳，徑直來到酒店中餐廳「夏宮」共用午餐，用餐時間將近兩小時。

據該酒店職員說明，李嘉誠每月都會來這裡用餐，但每次都會選擇位於56樓的法式餐廳。很顯然，這一次父子倆在記者面前「高調路過」並共進午餐，是有意為之。果然，當天下午，電訊盈科股價開始大幅反彈。

李嘉誠選擇在這個時間攜子共進午餐，看似極為平常的一件事，實則是在向外界傳遞訊息，兒子的事業雖然遇到了麻煩，但仍有父親這座強大的靠山，任何時候李嘉誠都有可能運用自身資產幫兒子解決困難，他不可能看著兒子剛建立不久的事業大廈倒塌。毫無疑問，李嘉誠選擇這樣的方式幫兒子造勢，是十分明智的，他沒有為李澤楷投入一分錢，就緩解了電盈的危機，讓人們不得不感嘆「薑還是老的辣」。

這件事後，李嘉誠意味深長的對李澤楷說，做生意不光要有膽識，還要有謀略。其實做任何事情都是這樣，銳意進取是好的，但不能一味冒進，要看到事情背後隱藏的危機。李嘉誠曾在許多場合公開表示，自己做任何一個決定都會三思而後行，因為他的每一個決定都代表著各個股東的利益。李澤楷雖然用他超人的膽識為自己打造了一方天地，但在這片天地下，怎樣成長為一個既有勇又有謀的人，還得繼續向父親李嘉誠學習。

在紛繁的商海戰場上，打的是一場場不見硝煙的戰爭，最終勝出的那方未必是最聰明最勇敢的，而是在不斷爭鬥的過程中，漸漸累積起眾多的經驗、智慧、人氣、謀略、膽識……

用所累積的財富使自己變成一個時刻保持商業敏感度的人，也可以說，商海中比拚的是綜合素質。

對李澤楷而言，要走的路還很長。

交班和接班

李澤鉅早在美國史丹佛大學深造時，便順從父意，選擇土木工程系，後又獲結構工程碩士學位——這些理論的積澱，無疑為繼承家業打下了堅實基礎。李嘉誠白手起家，一切知識都是自學，在現在長實集團的架構裡，需要的是接受過專業知識培訓的人。對於父親的良苦用心，李澤鉅了然於胸。

李澤鉅一直安心做父親的左膀右臂。他的成績有目共睹，也讓父親感到十分滿意。李嘉誠曾多次公開表示：「如果以滿分100分來算，李澤鉅的表現可以打到90分。如果他不是我兒子的話，我給他打100分。」外界紛紛猜測李嘉誠此話是有意將衣缽傳於長子李澤鉅。

李澤鉅本人向來極為迴避「接班人」一說。2003年，他對香港《信報》的記者坦言：「父親正年富力強，精力智力旺盛，他不會這麼快退休。他讓我們兄弟負一些責任，僅僅是分擔父親的部分擔子，使他更能集中精力處理大事，同時，這也是對我們兄弟的鍛鍊，現在傳媒談接班問題，為時過早。」

而始終堅持獨立創業的李澤楷，其自立門戶的種種言行，也似乎讓李澤鉅最終將掌管長實大權的猜測變得更為可靠。

李澤楷進入美國史丹佛大學選擇學習自己感興趣的電腦工程，而不是父親欲意其與哥哥專業形成互補的商科時，李嘉誠就意識到小兒子崇尚自由、不願被束縛的個性。後來，他又拂去父親的好意，離開和黃獨自打拚。雖然他從未正式與李嘉誠談過關於繼承的問題，但兒子的想法父親顯然已經很明白了。所幸的是，李澤楷本身具有出色的經濟頭腦，創業中並未遇到太多的難題，李嘉誠也就聽之任之了。

以李嘉誠沉穩謹慎的個性來看，他是希望長子來接班的。性格決定命運。有著輝煌成就的李氏帝國，更需要一個家庭和睦美滿、性格沉穩可靠的人。李澤鉅正是不二選擇。李澤鉅初入公司，李嘉誠便精心安排了長實內極有名望的周年茂、甘慶林等資深元老輔佐其業務。公開場合的傳媒採訪，李嘉誠也常有意把機會讓給李澤鉅。

2012年5月26日，備受關注的李氏商業帝國掌門人終於揭曉。大公子李澤鉅不出所料成為了長實集團的實際接班人。李嘉誠在對外公開其家族財產分配結果時表示：將超過40%的長江實業及和記黃埔的股份、超過35%的赫斯基能源權益交與李澤鉅負責；對於李澤楷，李嘉誠給予的更多是現金支援。他說：「我會全力幫助他收購心儀的公司、拓展新業務。資助金額會是他所擁有的資產的數倍。」

多數情況下，富豪們白手起家創下巨大家業，都希望自己的後代能擰成一股繩繼承經營，不僅使自己的事業後繼有人，也能使後代們少走許多彎路。顯然，李嘉誠也希望如此。但他也有著自己的考量。李嘉誠的智慧之處在於，雖然他希望兩個兒子都能留任長實接班，但他也承認第二代家族成員中的個性差異。

如今，長實集團中心大樓頂層是李嘉誠的辦公室，位於九樓的長江實業大本營則有李澤鉅留守。俗話說，創業難，守業更難。但我們有理由相信，在李澤鉅帶領下的長實集團，必將再次創造出多個奇蹟，繼續為走在世界中的優秀華商企業做出榜樣。

給子孫的箴言：「仁慈的獅子」

2007年12月，臺灣《商業周刊》邀請李嘉誠擔任客座總編輯，向讀者介紹自己成功的秘訣。李嘉誠談到了企業管理的各個主要方面，講了如何才能在這些方面做到最好。此外，他還談到了如何教育子孫的問題，他說：「我告訴我的孫兒，做人如果可以做到『仁慈的獅子』，你就成功了！仁慈是本性，你平常仁慈，但單單仁慈，業務不能成功，你除了在合法之外，更要合理去賺錢。但如果人家不好，獅子是有能力去反抗的，我自己想做人應該是這樣。very kind，非常好的一個人，但如果人家欺負到你頭上，你不能畏縮，要有能力反抗。」

1996年，李澤鉅的第一個女兒出生，從此，李嘉誠又新增加了一個身分——祖父。對於這個新身分將給他的家庭帶來的新影響，李嘉誠充滿了期待。2006年，李澤鉅的第四個孩子出生，他也是李嘉誠的第一個男孫。向來低調行事的李澤鉅對外界甚少提及自己的家事，所以，至今外界只知道他的兒子英文名叫「Michael」。

自從榮升為祖父，李嘉誠分外開心。俗話說：「隔代親」，在身為華人首富的李嘉誠家中，也是如此。只要他在家裡，一定會擠出時間來陪他的孫子孫女們，和他們一起玩耍，同時也教他們許多做人做事的道理。李嘉誠對孫子，顯然沒有對兒子那樣嚴厲，顯現出他更為慈祥的一面。

李嘉誠本人小時候從學習中國傳統文化起步，他對傳統文化的認識很深。他認為傳統文化裡包含著更廣泛的做人做事的道理。李嘉誠的兒子接受的是西方的教育，所以，在如何使孫輩成長為具有更健全人格的新一代時，李嘉誠自認自己這個祖父比孩子們的父親更有資格說話。所謂「仁慈的獅子」便是最好的注腳。

商場險惡，某種意義上，商場就如同弱肉強食的廣袤森林，要在危機四伏的森林中生存下去，就必須讓自己變為森林中的王者。作為森林之王，獅子除了需要具備高出其他動物的力量與膽魄，還需要具有高超的獵捕技術。

做人也是一樣，想要做人上人，除了保證自己具有良好的素質以外，還需要掌握高明的做事藝術。無疑，李嘉誠成為了當之無愧的「王者」。說他是商界的「雄獅」毫不為過。

但獅子又怎會是仁慈的呢？一提到獅子，很多人的腦海中立刻就會浮現出一張兇狠的臉、一個血盆大口，還有四隻尖利的爪子。獅子之所以能夠成為林中霸王，靠的就是自己的這些天生優勢。如果失去了牠的兇狠本性，牠還能在弱肉強食的森林中生存下去嗎？

現代社會成千上萬的商家之中，不乏張著「血盆大口」，只顧「吃肉」的類型。他們只顧自己的利益得失而喪盡天良、用盡手段，像吸血鬼一樣地吸食他人的血汗。毫無疑問，這些商人只能逞一時之勇，最終必然要被業界淘汰，他們不僅不得民心，甚至最終還可能引發團隊內部的紛爭。

李嘉誠認為，越是居於高位的人，越應該持有一顆仁慈的心，這在中國古代一直是一種領袖美德。躋身商界的李嘉誠便是如此。除非是對他進行了嚴重人身攻擊，否則，李嘉誠對任何事情都能以平和的心態面對，不跟他人事事較真。李嘉誠的這種修養源自於他心中的慈悲。在商界中打拚，李嘉誠誠懇待人、誠心做事，從來都不做虧心的生意。李嘉誠的仁慈就是他身上所具有的品質，他的仁慈正是中華民族傳統美德的一種延續與體現。

「仁慈的獅子」不僅僅是李嘉誠給自己孫子的箴言，這簡短的五個字也是他總結的一筆巨大的人生財富。無論是在商界還是其他行業，作為人上人，作為強者，一定要心存仁慈。

做一隻獅子，但不做張牙舞爪的獅子；做一位高人，但不做自視清高的人；做一代富商，但不做沒有德行的商人。李嘉誠憑藉自己的勇猛、膽識和仁慈，成為了商界中受人敬重的「獅子王」。這也是李嘉誠為何告誡孫子要做「仁慈的獅子」的原因。

第十六章 風口浪尖上的勇者

遠見者穩進

李嘉誠是一個有著長遠目光的人，從他開始打工起，他的這種特質就已經表露無遺了。從茶樓的堂倌到五金店的推銷員，讓他從茶樓走到了全香港街頭；從五金業轉入塑膠業，讓他的關注點聚焦在了不同行業間的發展與變化；發現塑膠花的廣闊前景，讓李嘉誠把握住了行業先進技術為產品革新帶來的新機遇；從塑膠花大王到地產大王，為他創造了更大的財富和名望。

有人說，李嘉誠的「轉行」是浮躁、是這山望著那山高。李嘉誠則認為，一個人要想不斷進步，必須要把眼光放長遠，要相信很多本不可能發生的事也可以透過努力變為可能。可以說，李嘉誠的成功，是努力、機遇、遠見的巧妙組合。一個具有商業頭腦的優秀商人，就是能將商業意識滲透在任何一件小事中，即使這件事和商業本身看似並無關聯。毫無疑問，李嘉誠就是這樣的商業奇才。

20世紀80年代初期，中英關係發生變化，影響香港經濟，引發了香港民眾的信心危機，香港移民、遷冊風潮驟起。李嘉誠並未受此影響，相反，在其他港商從內地撤資時，他反而轟轟烈烈的幹了起來，著手進軍內地市場。1992年，鄧小平南巡講話，再次讓李嘉誠看到了不凡的內地市場所蘊含的巨大潛力。緊接著，同年4月，國家領導人江澤民接見李嘉誠，李嘉誠更是把握住難得的大好機遇，從北京飛往汕頭，又再轉深圳，並於5月1日與深圳管理公司、中國機電輕紡投資公司共同組建「深圳長和實業有限公司」，由此拉開長實在深圳這座中國改革開放前沿城市的投資序幕。

1992年10月5日，和記黃埔與深圳東鵬實業合資開發深圳鹽田港。和黃集團以70%的股份取得了該專案的絕對控股權。

鹽田港位於深圳市東部，緊挨香港與珠江三角洲這個中國最大的進出口加工基地，地理環境十分優越。由於鹽田港具備了發展貨櫃碼頭的天然優勢，李嘉誠很早就有投資的想法。但成熟的企業家不為一時的念頭所左右。李嘉誠一直等到政治經濟條件都成熟後，才正式投資，這也是秉持了他穩健謹慎的作風。

李嘉誠在開始提出投資深圳鹽田港專案時，曾遭到了來自集團內部的反對。時任和黃董事總經理的馬世民表示，長實在香港已擁有相當成熟的貨櫃碼頭，深圳與香港距離很近，如若再在深圳發展一個，會造成長實內部的競爭。李嘉誠則認為應該搶佔市場先機，以鹽田港的自然優勢，如果長實不先行開發，勢必將被別人搶佔開發，到時就會威脅到長實在香港的貨櫃碼頭業務。

事實證明，李嘉誠對市場的預見性確實更勝一籌。1997年香港回歸祖國，長實利用香港、深圳兩地的貨運口岸積極帶動兩地之間的貿易發展。即使不久後遇到亞洲金融危機的巨大衝擊，香港與深圳間也利用此消彼長的內部結構，緩解了危機帶給長實的不利影響。

1993年10月，和記黃埔與鹽田港集團再次合作成立了「鹽田國際」，投資60億元共同開發深圳鹽田港一、二期貨櫃碼頭。此後，和黃利用自身在海外市場的巨大影響力，為鹽田國際贏來更廣闊的市場，使兩地的業務互補，實現了貨櫃輸送量的迅猛增長。市場前景一片大好。

2001年末，鹽田國際再次以60億元的總投資額開發興建鹽田港三期貨櫃碼頭。到2003年，三期第一個10萬噸級泊位宣告營運。一年後，鹽田港三期工程的共4個泊位全部完成，這預示著深圳鹽田港達到了每年可處理500萬個標準貨櫃的能力。

據深圳市港務局2005年公佈的統計資料顯示，深圳三大專業貨櫃碼頭中，鹽田港以年輸送量538.1萬標準箱，力壓蛇口貨櫃碼頭的179.8萬標準箱和赤灣貨櫃碼頭的235.5萬標準箱。鹽田港成功躋身深圳港口物流業領軍碼頭行列，並於同年佔據了深圳港80％的新增航線。

此時，李嘉誠更是乘勝追擊，進一步加大對鹽田港的投資。2005年11月，鹽田國際斥資114.8億元人民幣啟動了鹽田港三期擴建工程。此次擴建佔地總面積達136萬平方米，岸線總長3297米，全部工程預計5年完成。2007年底李嘉誠再次斥資71億元擴建鹽田港。

李嘉誠對深圳鹽田港的不斷投資和擴建，不僅較大程度上緩解了香港貨櫃碼頭的壓力，而且牢牢把握住了內地的貨櫃碼頭業。經過15年的長線投資，長實集團的名號在中國內地越來越響，無形中也為長實集團在內地的其他業務投資做足了宣傳。

近水樓臺先得月

通常情況下，在哪裡投資就會帶動哪裡的經濟增長。尤其在經濟一體化的21世紀，對某一個行業的投資，往往能夠帶動其他相關行業的進一步發展，這種情況更是顯而易見。

李嘉誠在長線投資深圳鹽田港後，對內地廣闊的發展前景更加充滿了信心。2003年，他再一次將投資目光看往內地，這一次，他選擇的是駕輕就熟的地產業，選擇的投資區域，仍是毗鄰香港的羊城廣州。

廣東省作為中國改革開放的前沿陣地，經過幾十年的發展，如今已是中國內地經濟實力最為雄厚的省份之一。作為廣東省省會的廣州，發展速度更是驚人。廣州的房地產行業，有著許多廣東其他城市不具備的優勢。投資之前，李嘉誠對廣州的房地產市場已經經過了一番深入的考察。

從內部條件看，廣州存在大量的老城區，為適應新時代的要求，舊城改造的空間很大；廣州城內交通便利，公路、地鐵一應俱全；人口密集，外來人口眾多，這就使住宅數量的需求大幅增長。從外部條件看，廣州至番禺的新光快速路已開始全面施工，建成後將使廣州與周邊城市的交流更加緊密；周邊大學、南沙開發區的興起為廣州周邊建設添磚加瓦；廣州與香港毗鄰，但地價低於香港數倍。

基於以上多方面考量，李嘉誠認為，在廣州投資房地產、興建物業，不僅能在當地擁有巨大的利潤空間，也能以此為基地，包抄內地地產界。於是，他決定啟動廣州「珊瑚灣畔」專案。

「珊瑚灣畔」整個項目佔地總面積約為49．1萬平方米，總建築面積約為80萬平方米，它南臨珠江花園，東臨海怡花園，地理位置堪稱優越。彼時，廣州的城市中心已顯示出向東南方轉移的趨勢，珊瑚灣畔正屬於此地帶，發展態勢可謂大有前途。為配合城市發展，當地政府大力招商引資，為房地產業提供了許多有利條件。

「珊瑚灣畔」專案由和記黃埔全面負責。和黃將此項目購買群體定位為廣州的高收入群眾，主推大型獨排別墅，再以部分底層洋房點綴其中，欲使「珊瑚灣畔」成為廣州城典型的別墅住宅區。又根據四周環境優美、傍水而居的特點，打造「陽光生活、生態綠野、健康園林」的賣點，增加了競爭力。

為求項目建成後一舉成功，和黃也是煞費苦心。2003年10月，和黃邀請廣州各界媒體先行參觀其位於東莞的同類型樓盤，為「珊瑚灣畔」的推出積極造勢。隨後，和黃又利用自身強大實力和號召力，多方為珊瑚灣畔做宣傳。

2004年春節時分，伴隨著舊曆新年的喜慶氣氛，和黃推出了「珊瑚灣畔」面積在280～600平方米的60餘棟獨立別墅，以及面積在230～280平方米的200多套底層洋房。一經推出，社會反應熱烈。「珊瑚灣畔」以其優越的自然風光和具有特色的設計理念，受到了媒體和客戶的大力推崇。

2004年「五一黃金周」，「珊瑚灣畔」全線登場，開始了首輪內部認購。認購當天，就吸引了超過1000人前來參觀，當場被認購的別墅就超過了60套，每平方米1.8萬元的高價絲毫沒有影響參觀者的熱情。

「珊瑚灣畔」的成功推出，顯示了李嘉誠進軍華南房地產的韜略，他正是看中了此處在內地房地產市場的龍頭作用，首次發力就是大手筆。「珊瑚灣畔」的成功，使長實的能力和名字在廣州一舉打響，為下一步市中心的平民化房產的開發奠定了基礎。

知識的不斷傳承

人類是一種非常複雜的生物體，他時常顯現出一體多面的特性。勤勞奮進，是他的特性，投機取巧也是他的特性，而一旦投機取巧的特性讓人吃到了甜頭，其勤勞的那一方面就會被自然的忽略。某種意義上說，成功的人之所以成功，就是能時刻保證自己勤勞奮進的良好品質不被打敗，這是很難做到的。

在李嘉誠身上，我們看到的是旺盛的精力、堅強的意志、卓絕的遠見、刻苦的努力。反過來說，也正是因為有了這些難得的品質，才造就了李嘉誠的成功。

不論是在生活中還是在工作中，李嘉誠從不投機取巧，他總是能從實際情況出發，對現實有充分的認識，量力而行，既不自大也不自卑。在他幾十年的商海戰績中，人們很難看到他有過失敗的投資，所不同的只是賺多賺少的區別，能始終保持這樣的成績，真不是件容易的事。

更為難得的是，李嘉誠會把自己大半生總結出的投資經驗無私的奉獻出來，與大家一起分享，毫無保留。

2007年上半年，中國內地股市沸騰，炒股熱一浪高過一浪，股民大批出現，不管有沒有投資經驗和投資眼光，人人都想藉著這股難得的股市「東風」大撈一筆。李嘉誠面對這股熱潮，看到的不是全民的炒股激情，而是一群不夠理智的投資者。在這種情況下，他不止一次的站在公眾面前，奉勸大家一定要理性投資。

股市的風險，李嘉誠太瞭解了。在巨大的誘惑面前，保持冷靜的頭腦尤為重要，被忽略的風險，往往能在瞬間輕易摧毀任何一個人的經濟基礎，甚至一個幸福的家庭。

2007年5月，李嘉誠表示，內地股市的不合理增長，已經出現泡沫，他呼籲廣大股民，一定要謹慎投資。同年8月，他再次奉勸股民，即使目前來看，中國內地和香港的股市，都處在較高的水準，但無論是長線還是短線投資，切記慎之再慎，警惕可能出現的任何風險隱患。

2008年3月，李嘉誠認為香港股市仍未達到正常水準，他再次提醒廣大股民不要盲目投資。「物極必反」，這是不容忽視的股市規律，很多人雖然知道這樣的金玉良言，但在利益面前，仍然一意孤行。可怕的事情終於發生了。中國股市從6120點一路狂跌，直線下降到4000多點。雖然其間出現反彈性增長，但仍阻止不了總體下降的趨勢。

2009年8月間，李嘉誠在長實集團年中業績發表會上，被問及如何看待當前的經濟形勢時，李嘉誠認為，全球經濟最壞的時候已經過去了，但不可能馬上轉好。他表示，經濟的復甦和經濟的發展一樣，都不是一蹴而就的事情，都需要一個非常漫長的過程。針對香港經濟狀況，他說，香港的經濟有很廣闊的發展前景，尤其在內地經濟增長和一連串對港優惠政策的帶動下，香港的金融行業將越來越好。

此後，隨著香港經濟狀態好轉，股市再次飆升，向來奉行保守投資理念的李嘉誠再次呼籲廣大投資者要量力而行，「千萬不要借錢買股票」。他說，如果股票真的那麼賺錢，大家就沒有必要每天辛苦工作了。他奉勸大家認準形勢，用理性的眼光分析投資市場。

李嘉誠面對2008年前後的內地及香港股市的紛繁變化，一次次站出來呼籲股民要理性投資，用他多年的經驗和投資眼光提醒大家量力而行，不僅顯示出他作為一個優秀企業家面對變化中的市場敏銳的直覺，更體現了他一貫奉行的謹慎投資的理念和防範風險的意識。李嘉誠對廣大股民的每一句奉勸，都可以看作是他投資經驗的總結。

第6篇 建立自我，追求無我

（2009年81歲～2014年86歲）

做人與做事密不可分，相輔相成。一個人如果做人成功，做事失敗，仍然可以算得上是成功的人生；而一個人如果做人失敗，做事成功，即使取得再大的成就，也仍然是失敗的人生。

毫無疑問，李嘉誠的一生是成功的。他不僅有著成功的事業，還有著頗為人稱道的「做人之道」。他強調：「做事先做人」。他處處與人為善，絕不為一己之利損害他人之利。又處處為人著想，用自己的實際行動幫助需要幫助的人。

作為一個成功的企業家和智者，李嘉誠像其他領域的傑出人士一樣，關注社會問題。憑藉自己的智慧和影響力，試圖改善諸多的社會問題，讓人們生活在一個更平等、更健全的社會機制中。

第十七章 做E時代的新資本家

佈局網際網路

李嘉誠治下的長實集團馳騁商海幾十年，經歷了許多大風大浪，始終屹立在華商陣地最前沿。即使數次經歷經濟危機的考驗，也能安然度過。如今的長實集團，發展一如既往的迅猛，絲毫不減當年本色。長實的壯大發展，和李嘉誠的商業指揮力是分不開的。如果沒有李嘉誠卓越的商業洞察力和遠見卓識，長實幾十年幾乎無敗績的傲人成就很難維持。

李嘉誠雖然出生於20世紀20年代，但他卻能不斷的接受新事物，這也和他不放棄學習、不斷充實自己有著很大的關係。李嘉誠每天早晨都會翻看全球著名報刊雜誌的當日新聞標題，再選擇感興趣的標題細看內容。以前，李嘉誠喜歡看紙質版，iPad出來之後，他就只看電子版了，現在，他每天用iPhone手機來完成這項工作。

進入21世紀後，經濟全球化的趨勢越加明顯，高科技的不斷發展，又使全球化呈現出許多種不同的形態。始終站在資訊最前沿的李嘉誠，對新世紀經濟的此種變化，瞭若指掌。作為一位有著年輕心態和超然眼光的新型企業家，李嘉誠是不會錯失投資新領域的良機的。他將著手打造長實的移動互聯時代。

2013 年 11 月 28 日，李嘉誠表示：「除了 Apple（IOS 系統）和 Android 之外，一個全新的作業系統將呈現在大家的眼前。」李嘉誠的這番話引來了眾多人的關注與猜測，既包括很多消費者，還包括很多的業內人士。這樣的消息並不是空穴來風，事實上，李嘉誠早就為此做出了行動努力。2012 年 9 月，李嘉誠曾與三星董事長李健熙會面，表示要與三星加強手機和網路方面的合作。

這是一件讓雙方都非常愉悅的事情。首先，李嘉誠本身就是一個對高科技領域的投資頗為熱衷的人，而三星也有著一個搭建專屬於自己平臺的夢想。在此前，三星電子與英特爾公司在 Tizen 系統方面的合作已經進行了較長一段時間。Tizen 系統是一個有望與 iOS 系統和 Android 系統抗衡的新型移動作業系統。李嘉誠正是看好 Tizen 的廣闊前景，才做出與三星合作的決定。

李嘉誠在移動領域不僅有著非常豐富的資源，而且有著難以撼動的實力。長實旗下的和記黃埔是全球 3G 營運的先鋒，它為香港、英國、義大利、瑞典、奧地利以及愛爾蘭等地大約

7,600萬使用者提供服務。此外，和黃營運的3G業務，不僅是三星電子智慧手機的全球移動營運商，也是蘋果公司iPhone手機的營運商。

除了大力推行3G網路，2011年初，和記黃埔又開始佈局4G網路。從業內的大量消息中我們不難發現，中興、華為與和黃旗下的Hi3G公司已簽署了LTE商用合同，並且成功地在瑞典、丹麥部署2.6GHzLTETDD/FDD網路。

再看三星，根據2013年度的Gartner報告，三星的業績非常漂亮，智慧手機出貨總量達到8035.7萬部，市場佔有率達到32.1％，第三季度搭載谷歌安卓作業系統的智慧手機更是佔據了智慧手機市場81.9％的市佔率。在這樣的情形下，三星研發Tizen系統，一方面是降低自身對安卓作業系統的依賴，另一方面希望在新科技領域打造出一份更輝煌的成績單。

李嘉誠除了看中三星電子的市場號召力和科技創新能力，更看中的是隱藏在Tizen中的巨大商機。Tizen系統在研發過程中，早已有了明確的市場定位，走的就是低端機的市場，而並非「高大上」的路線。除了傳統的手機通訊業務之外，該系統還會借助三星物聯網業務與家電業的生產線「網路」，實現智慧手機與傳統家電之間的互通，讓手機更緊密地與日常生活聯繫在一塊。這項舉措無疑是劃時代的。只要條件成熟，迎來的將是井噴式的增長，而且這項技術不僅能夠提升自身對行業危機的抵禦能力，還能透過IT對傳統行業的促進，提升業界的效率。

李嘉誠認為，IT 業絕不是獨自存在的，它與傳統實業之間總有著千絲萬縷的聯繫，就目前來說，IT 是助力傳統實業提升效率的最高效工具。因此，他對新世紀「移動互聯」的投資可以稱得上是「有效投資」。

伴隨著經濟的快速發展，「投資」一詞漸漸變得火熱起來，不管是企業、地區還是國家，但凡要實現快速發展，投資一定是產生決定性的因素。然而，「投資怎麼投」也是一個日漸被人們關注到的問題。

縱觀李嘉誠的「投資」，幾乎每一次都是在為「未來」投資。他的投資視野從不會局限在當下某一個盈利的點，他總是能從現在看到未來。比如他進軍房地產市場、收購港燈、投資電訊，都是有著「投一享百」的效果。而就李嘉誠投資 Tizen 系統，也能看出他對未來新一代移動互聯工具的熱情和信任。

85 歲的運籌

2013 年 4 月 11 日，臺灣《聯合報》上刊登了一則令人咋舌的消息：一名叫做尼克・達洛伊西奧的英國少年因受香港首富李嘉誠的賞識，獲得了他近 30 萬美元的投資。

這名少年雖然只有17歲，但是背後的投資者卻個個都大有來頭，除了李嘉誠之外，還有媒體大亨梅鐸妻子溫蒂・梅鐸、社群遊戲Zynga執行長Mark Pincus，歌手艾西頓・庫奇、藝術家小野洋子。尼克現在是雅虎最年輕的工程師，擅長App應用製作。李嘉誠為什麼要為這樣一個小夥子投資？尼克身上有什麼樣的投資點呢？

關於尼克本人，看上去白白淨淨，眼窩有些深邃，說起話來有條不紊，心理年齡遠遠超過了他的實際年齡。尼克的一番話也讓李嘉誠頗為讚賞：「我希望投資人是為我的點子而來，是被點子的價值所吸引，而不是我的年紀。」

一次歷史考試，尼克試圖透過谷歌查詢一些難以理解的名詞，然而透過搜索獲得的資訊大多沒有利用價值，因此，他隨即產生了一個想法：做一個簡單的預覽，讓流覽者迅速知道內容的大概，這樣就能在查找資訊的時候有所甄別。為此，當時年僅15歲的尼克著手寫了一個iPhone pp，叫做Trimit，也就是Summly的原型。關於寫App這一行為本身，尼克也有著自己的看法：「只有實際參與App的寫作，我才有機會和那些世界級的大公司及開發商平起平坐。」

從某種意義上來說，李嘉誠投資的不僅僅是這個專案本身，而是整個行業的未來發展趨勢。他投資App，為的是能夠獲得新時代的新利潤增長點，而投資App製作人，則是投資這個行業的未來。有更好的團隊來製作App，未來自然就會有更多、更好的投資對象出現，這是一個可以預見的良性循環。

事實上，尼克也沒有讓李嘉誠失望。在獲得了李嘉誠的 30 萬美元投資後，尼克成功組建了屬於他自己的團隊，然後用整整 12 個月的時間，對之前的 Trimit 進行了重新改寫，並對技術進行了一番升級，將冗長的文章成功濃縮至 400 個字母以內的摘要，現在非常有名的 Summly 便與世人見面了，而他自己也因此成為了雅虎最年輕的工程師。

隨著網際網路技術的發展，如今的網路已經進入了移動網際網路時代，而移動網際網路領域最有前景和最有商機的方向，莫過於 App 應用了，越來越多的開發企業湧入到這一新興領域，因此，在新的時代背景下，李嘉誠的投資方向也發生了微妙的變化，將重點放到了網路科技領域。

無獨有偶，2013 年 11 月 5 日，根據《星島日報》報導，李嘉誠透過維港投資向 Bitstrips 公司注資，在香港科技網路熱潮勢不可擋的局面下，讓漫畫公仔軟體 Bitstrips 在社交網站上著實火了一把。李嘉誠在一年之內再次為 App 項目出資，可見他的眼光。

事實上，這並不是李嘉誠第一次投資網路科技行業。

早在 2007 至 2008 年，李嘉誠先後向全球最大的社交網站 Facebook 累積投資了 4.5 億美元；2009 年，又往蘋果人工智慧助理 Siri 項目投資了 1550 萬美元；2012 年 4 月初，與其他投資者向流動搜尋器 Everything.me 合共投資 2723 萬港元；2012 年 8 月，向以色列英語文法檢查軟體發展商 Ginger Software 和創投基金 Harbor Pacific Capital 注入500萬美元資金。

不過，對於網路科技行業，李嘉誠也是有選擇性地進行投資，他不會投資非技術領域的專案。對於投資對象，李嘉誠並不看重對方身上佩戴的「國籍」身分，對於受資對象是否大牌，李嘉誠也是一概不論，只要有價值。

投資網路科技專案、投資網路科技行業，甚至投資網路科技行業的趨勢等，這些現象現在都非常普遍。敏銳的李嘉誠似乎早已發現了這其中的門道。李嘉誠的一位下屬對《南方週末》的記者說：「他並不是一個生活在象牙塔中的人，相反，他對潮流的把握遠超過很多年輕人。」如今已86歲高齡的李嘉誠，每晚還會堅持看有關科技方面的書籍，在長實集團，他也鼓勵大家不斷瞭解科技的走向，因為他知道，科技的發展會給企業帶來新的機遇。

有效投資

如今，李嘉誠已經成功地在香港這片700萬人口的富庶之地上建立起了龐大的家業，目前的香港地產界中，平均每七間住宅中就有一間的建築方與李嘉誠有關。除了地產之外，香港近七成的港口物流也與李嘉誠有著千絲萬縷的聯繫。公用事業、行動通訊服務等行業，李嘉誠也佔據著不小的市佔率。可以說，李嘉誠的大半生都花費在實業方面，並且頗有建樹。

李嘉誠每天的工作可謂是繁忙之至。在李嘉誠的辦公桌上，他的右手邊擺著一臺蘋果筆記型電腦，這是李嘉誠在日常工作時會用到的；在他的左邊擺著兩臺電腦，顯示著長實集團旗下所有公司的即時股價變動，以備他隨時查看，根據有可能發生的任何變化，第一時間做出決斷。

李嘉誠是一個非常注重效率的人。在他20歲時，就熱衷於閱讀能找到手的公司年報，這不僅促使他在財務方面不斷學習，也使他在對數字的關注中尋找新的投資機會。這個習慣，李嘉誠一直堅持到現在。他自稱可以對長實集團內任何一間公司近來年的發展資料，準確的說出其中百分之九十以上。

在現今這個科技當先的時代裡，可以說99%的事業都是具有競爭力的事業。得到科技助力的各行各業，效率為先。這和原來的實業有著天壤之別。所以說，企業要想在今天的經濟環境中立穩腳跟，必須要拋棄以往老式的經營理念、提高效率、節約金錢、提升企業競爭力。

李嘉誠對此有著充分的認識和自己獨特的理解。他對《南方週末》的記者坦言：「在今天IT發達的時代，只要在Internet上輕輕一點，對方馬上便可比較你的賣價，如果我們速度跟不上去，一下子就被淘汰了。所以最要緊的競爭力從你自己的基礎開始，你的基礎搞得好，你的競爭力就高，很多條件也就能配合得好。」

正是基於此種認識，李嘉誠開始他在科技領域的一連串投資。他稱之為「有效投資」。不僅能夠立竿見影看到效果，而且還能改善自身的工作效率。對於長實集團如此龐大的企業來講，效率是工作中的重中之重。

2013年，李嘉誠為英國少年尼克．達洛伊西奧投資近30萬美元支持其Summly項目時，他指出：「移動時代終將替代PC時代。我們現在所投資的科技專案，都會是不久的今後最基礎的服務。如果我們現在不多一點瞭解、走快一點，到時候跟在別人後面，機會就失掉了，那時候再來談投資，就不能是『有效』的了。」

對於科技發展的認識，普通人看到的是它的發展給人們的生活帶來了哪些便利和新鮮有趣的東西。而李嘉誠卻從科技的發展中看到的是新的商業機會，並且牢牢抓住這個機會，讓它服務於我們的生活。

如果李嘉誠是個固步自封、停滯不前的人，他不會擁有今天這樣大的成就。外界始終把他視作「超人」，而他自己，永遠將自己看作超人變身前的那個普通人，所不同的事，他這個普通人比其他人多了一點點眼光和超前意識。

第十八章　胸中有乾坤

樹大招風是盛名的代價

位於香港葵青區醉酒灣的葵湧貨櫃碼頭，隸屬於長實集團旗下的和記黃埔，它是全世界最大的私營貨櫃碼頭，也是香港最主要的貨櫃物流分配中心。2013年初，這個碼頭上演了一幕大規模的罷工事件，矛頭直指李嘉誠。

2013年3月28日，一批葵湧貨櫃碼頭的非正式工人，因不滿工作15年間薪酬不增反減的現狀，掀起了一場為期40天的罷工運動。這是香港自二次大戰之後罷工時間最長的一次工人運動。

從表面看，葵湧貨櫃碼頭是屬於長實集團的資產，但實際上，長實集團早已將碼頭外包給外商經營，也就是說，碼頭工人的直接受雇方並非李嘉誠。然而，廣大工人卻將攻擊對象指向李嘉誠。

他們在長實集團總部門前拉起巨型標語：「全球華人首富，剝削工人致富」；「工人辛酸有誰知，還我們合理工資」，將李嘉誠的頭像畫成頭頂紅色犄角、面露白色獠牙的「吸血鬼」模樣。更有甚者，罷工者在五一國際勞動節時，在長實總部門前為李嘉誠舉行「招魂」儀式。不僅如此，罷工者們還進一步掀起全民示威活動，在香港主要街道和李嘉誠住宅前舉行示威。他們堵在李嘉誠擁有的「屈臣氏」、「百佳超市」等大型商場門口，企圖呼籲香港市民罷買長實集團的商品。更有年輕氣盛的學生志願者闖過長實集團的保安人員，直入長實會議室找李嘉誠談判。

一場原本為謀求合法權益的罷工運動，一躍升級為對李嘉誠的人身攻擊，並由此引發了香港民眾廣泛的「仇商」心理。一時之間，李嘉誠從「全球傑出的華商領袖」變為「萬惡的資本家」，從「超人」變「小人」。

2013年10月15日，《南方週末》採訪香港著名實業家施永青時，他針對罷工事件說：「香港現在有一股左翼思潮，只強調勞動的功能，否定投資的作用，甚至將投資邪惡化」、「商人投入資金，建設社會彷彿還要做罪人」、「我們的意見領袖，簡單地把社會問題用階級矛盾的方式去解決，把矛頭引向社會的富裕階層，這是個非常壞的苗頭。」

而站在整個罷工事件中心的李嘉誠，對此只用了一句話來表達心中的遺憾，他說：「樹大招風是盛名的代價。」

李嘉誠作為香港富裕階層的代表，他的一舉一動都引人注目。「樹大招風」也在所難免。李嘉誠早就已經認識到了這一點。但是他比別人更高明的地方在於，他會合理利用自身「大樹」的號召力，來做更多協助社會進步的事情，比如投身公益事業就是利用自身言行以促進社會互助風氣的明證。

香港作為世界自由貿易港，幾十年的飛速發展，使如今的香港成為店面租金位列全球第二高、居住成本位列亞洲第三高、置業成本位列全球第四高的「三高」城市。20世紀60、70年代，經濟發展空間大，工作機會多，廣大民眾只要賣力工作變可獲得豐厚回報。如今，經濟越加發達，人們的生活水準卻在逐年降低。這種來自社會經濟結構變化引起的落差，使香港民眾將心中怨氣，全都發洩在李嘉誠等商業富豪的身上，反指富商壟斷香港經濟。

2010年，香港青年龐一鳴，因不相信在香港生活處處都與李嘉誠有關，決心打破這種狀況。他不住高樓大廈，租住郊區的老房子，以自行車為代步工具，不進大超市購物。但最後，他發現，生活必需的水、電，也是李嘉誠的公司提供的。

以前，李嘉誠為香港經濟增長貢獻力量，令香港民眾生活日益便捷化。如今，人們卻想要擺脫掉有李嘉誠印跡的便捷，擺脫不掉就指責李嘉誠束縛了民眾的生活。這種指責實在是不易讓人理解。面對這樣的指責，李嘉誠也只能一笑置之，用盛名的代價來安慰自己了。

修養是對生命的領悟

香港著名傳媒人梁文道在《地產霸權》一書的導讀中這樣寫道：「最近十多年來，香港社會對富豪的看法有很大變化。十幾年前坐計程車和司機講起李嘉誠，十個有九個會豎起大拇指，稱他做『李超人』；今天要是坐計程車和司機討論『誠哥』近日的事蹟，我保證十個裡頭有十個會一聽到他的名字就立刻大罵『官商勾結』，甚至叫他為『奸商』。」

香港民眾對李嘉誠的兩種極端態度，不能不說是香港經濟快速變化造成的心理落差引起的。一向為人低調的李嘉誠，面對民眾指責和人身攻擊，並未發表過多的言論為自己辯白。他明白「自見者不明，自是者不彰，自伐者無功，自矜者不長」的道理。

李嘉誠這位八旬老人，在他無比熱愛並為之奮鬥了一生的香港土地上，面對人們的質疑和指責，心裡是無比痛苦的。但他仍堅信「不爭無尤」，這也是一位歷經世紀風雲變幻後的老人看透世事的修養。

葵湧貨櫃碼頭罷工風潮發生後，李嘉誠的一個顯著變化是他缺席了長實集團2013年的年中業績大會。這在過去的幾十年間是從未發生過的。

香港《信報》一位財經版編輯對外界表示，長實每年的年中和全年業績會，是香港的大事，也是李嘉誠和外界直接交流的途徑之一，媒體和民眾對它的重視程度不亞於新特首就職。在往年的記者發佈會上，大家會以各種問題詢問李嘉誠的看法，比如樓價、股市、社會問題，而真正涉及到長實本事的問題卻少之又少。李嘉誠也會知無不答的和大家交流。這好像成為了香港坊間與李嘉誠約定俗成的一種儀式。以至於港人都戲稱，長實集團一年三次的記者發佈會就猶如一年三次的「港情咨文」。

而2013年，李嘉誠卻缺席了長實的年中業績會。言多必失，那麼，保持沉默。

在李嘉誠的下屬看來，李嘉誠是一個情感豐富的人，生活中的李嘉誠，有著快樂單純的一面，他愛好打高爾夫球、愛看書，運動和閱讀都會給他帶來最簡單的快樂；他也像大多數老人一樣念舊，走在香港街頭，他總會跟身邊的人講之前這裡是什麼模樣。

但是單純的李嘉誠同時也懂得如何控制自己的感情。他對分寸的把握，使他顯得豁達而樂觀。

葵湧貨櫃碼頭罷工剛發生時，李嘉誠進入長實總部大門時，看到工人們描畫的「魔鬼造型」，心中非常不高興。但僅幾個小時之後，他便能和下屬開玩笑說：「哇，這個上面，把我的頭畫得還是笑的。」

李嘉誠人生中最艱難的時刻已經過了，還有什麼能夠打垮他呢？他早已在生活的歷練中找到了平衡內心的法則。生存已經教會了李嘉誠該怎樣去順應環境的改變，窮苦時，他拚命工作；紛擾時，以求內心的平和。他總是能找到自己的方式來化解外界環境帶給自己的困擾。

李嘉誠的辦公桌上，有一塊有機玻璃，上面有李嘉誠親自書寫的一句話：「求百事之榮，不如免一事之辱；邀千人之歡，不如釋一人之怨。」

根本停不下來的挑戰之路

「窮則獨善其身，達則兼濟天下。」這是千百年來中國的有識之士始終所希望達到的人生境界。自幼接受中國傳統教育的李嘉誠，對這句話再熟悉不過了。如今的他事業有成，是世界著名的實業家，一心希望為社會貢獻力量的李嘉誠，正在用實際行動履行著「兼濟天下」的社會責任。

現代社會，經濟的飛速發展帶動了社會的進步，同時也給人們帶來了許多前所未有的社會問題，比如糧食危機、能源危機、食品安全問題等。身為社會一員，有人會願意花費時間、精力、金錢去思考這些繁雜的社會問題嗎？為了使我們生活的社會環境更合理、更優化，身為華人首富的李嘉誠對種種社會問題進行了思考，並試圖解決。

然而，解決之路並沒有想像中簡單，新一輪的挑戰又擺在「超人」面前，並且似乎看不到盡頭。

李嘉誠以長遠的目光看到新科技為人類生活帶來了許多便捷，同時他也注意到了科技進步給人類社會帶來的負效應。他曾對記者說：「新科技機器或儀器可替代工人，速度快，生產力增加。和黃在鹿特丹港的自動化率是90％，在西班牙是60％，在香港是20％。」「如果透過教育提升工人的知識，他便能操控這些儀器，科技加速，就是另一革命的開始。」

科技帶來社會的進步，但也加劇了社會的貧富差距，貧富差距又激化了一般民眾的「仇富心態」，可謂惡性循環。但不能因此就停滯科技的發展。相反，李嘉誠正在加大對新科技領域的投資和實驗，他試圖進一步用科學技術來改善和解決一連串社會問題。

李嘉誠基金會董事周凱旋女士公開對媒體說：「李嘉誠從甄選個別專案的工作方法轉而聚焦在能締造奉獻文化、建立大家能夠通力的平臺，他要借科技解決難題的槓桿力和政府政策的推動力及社會的參與力，形成一種改革的效應力。」也就是說，李嘉誠正在透過基金會，挖掘更多的科技項目來推進社會改革。李嘉誠希望將自己作為橋樑，連接起科學技術和社會問題，這對他而言，是極大的挑戰。

近年來，李嘉誠基金會與國務院發展研究中心在全國多個城市推出「科技夾子」活動，這項活動試圖透過科技來解決社會問題。比如，「人造雞蛋」項目，其實是一種純植物食品，口感和味道與真實雞蛋完全一樣，但它不含膽固醇，既環保又經濟。而且能避免雞蛋生長過程中細菌感染和激素等因素。

此外，「廢水生物處理」針對的是當前全球城市水質的惡化現象；「100％生物可降解食品軟包裝」則針對環境污染問題；「倍體強化EPTM」項目是一種非基因改造的育種技術，針對全球日益嚴重的糧食危機。

不難看出，李嘉誠在新時期關注的焦點在糧食危機、水資源問題、環保等多個領域。人們不禁要問，這些錯綜複雜的社會問題，以一個企業家的力量能夠做到嗎？

對此，李嘉誠認為，能不能做到是一個方面，顯然這是一條沒有盡頭的挑戰之路，但是做不做又是一個問題。他在能力範圍內關注到這些問題，自覺有義務去協助社會，於是他選擇了做，但是不是能做出成績，這還要被時間檢驗。他說：「世上不少重新定義，重新改造，重新想像，重釐層次在進行中，學而習之，不亦悅乎？而置身在科技大機遇的無限可能中，更是不亦樂乎。」

作為一位成功的企業家，李嘉誠的事業幾近走至巔峰，居於高位的李嘉誠，轉而思考人類和社會問題，並且用行動預示出了種種可能性。這種心懷天下的廣闊胸懷，令人敬佩。

第十九章 有限生命，追求無限完美

撤資中國的風波

2013年7月底，長實集團旗下的和記黃埔對外宣佈將出售香港百佳超市。兩個月後，長實再次宣佈欲出售港燈的部分股權。10月9日，長實整體出售其擁有的香港嘉湖銀座商場，一次性獲利58.5億港元。幾乎與出售香港物業同一時間，李嘉誠在內地也連拋物業，先是位於上海陸家嘴的寫字樓，再是位於廣州的西城都薈廣場及停車場。

而另一方面，李嘉誠卻開始加快對歐洲市場的大筆投資。2013年，長實斥資13億歐元收購奧地利3G業務，以97億港元獲得荷蘭最大的廢物轉化能源公司AVR 35%的股權，此外他還收購了紐西蘭廢棄物處理公司、愛爾蘭電訊公司O2等多家海外上市公司。據公開資料顯示，長實集團自2010年以來，共完成海外收購11筆，收購總金額高達1868億港元，佔長實集團總收購額的

96.75%，而此段時間內，李嘉誠在中國香港及內地的投資比例不足5%。

李嘉誠這一連串舉措引得各方媒體廣泛關注，各種猜測也如潮水般湧現。李嘉誠向來以投資穩健和遠見卓識著稱，他投資的項目幾乎從無敗績，從某種程度上講，李嘉誠的投資方向成為了商界的風向標。他此番連續的大動作，外界紛紛議論，意指李嘉誠欲從中國撤資轉而投資海外。關於李嘉誠「撤資」的言論一出，立刻譁然，從香港到內地，公眾輿論如旋風般立刻席捲了華人商界。

20世紀80年代初的香港遷冊風潮，長實集團就曾被迫擠在了輿論的風口浪尖上，李嘉誠曾公開聲明，他看好香港的發展前景，長實集團永不遷冊。2012年8月，李嘉誠在長實集團年中業績會議上說：「我對這片土地有特別的感情，自己身為中國人，永遠都是中國人。我絕對不會從香港撤資，我說話很少那麼堅定。」僅一年後，李嘉誠卻密集出售在華資產，引起長和系「撤資風波」，李嘉誠再次被推到輿論的風口浪尖。有人說李嘉誠說一套做一套，言行不一，是典型的「兩面派」。也有人說他大肆收購歐美企業，是隱形遷冊。

事實上，早在多年以前，李嘉誠便開始有步驟的加大海外投資，並曾多次有意調整投資重心，比如對新加坡、加拿大、英國等地的投資，都並非小手筆。但不管李嘉誠怎樣調整投資重心，香港始終是長實集團的根據地，他在這裡發家致富，正如李嘉誠自己所說，他對香港有特殊的感情。

對於此次的「撤資風波」，李嘉誠在2013年11月接受《南方週末》專訪時，特意指出：「說長和系『撤資』是一個大笑話。」以香港百佳超市為例，李嘉誠表示，2012年百佳為長實創造的毛利潤不足長實年總收益的3%，並且近年來均保持這樣的水準，選擇出售百佳完全是從商業角度考慮。即使百佳讓給別家企業來經營，百佳超市的物業仍屬於長實，長實仍可穩收固定的物業出租費用。

廣州的西城都薈廣場也存在類似問題。事實上，李嘉誠在西城都薈廣場這個項目上，並未表示要長期持有此處物業，該項目建成後，出租物業情況並未達到預期效果。但作為整體出售，僅住宅部分就能為長實創收20億元人民幣。作為一個優秀的企業家，此時選擇出售房產回收資金，無可厚非。

面對近幾年來香港、內地地價、房價頻頻走高的趨勢，李嘉誠此時減少其在地產方面的投資，也符合他一貫「低買高賣」的投資策略。

李嘉誠對《南方週末》記者說：「過去兩三年我們買入的項目較少。香港地價高，已看到不健康的趨勢……內地的地價也飛漲，我們也無法成功投得土地。若地產業務繼續艱難地經營，高價投地而虧本，就是對不起股東。」「我們是一家小心經營的公司，長實今天的負債比例是4%，和黃是21%，還有在加拿大的Husky，負債比例只有12%，以這麼大規模的公司而言，屬於低的比例。這是我做生意的原則，對於債務和貸款問題，非常小心處理，如履薄冰。我從1950年開始做生意，到今天已經六十多年，經歷過不少風風雨雨，也一路走過來。」

作為任何一個有眼光的商人，面對如今地價過高的中國地產市場，都不會貿然投資。李嘉誠向來對投資的專案持審慎態度，沒有十足的把握絕不會輕易出手。而此次外界所謂的「撤資風波」，無非是他作為一個商人規避商業風險的本能。作為一位負責任的大型跨國企業領袖，經營更不能靠鋌而走險，面對多變的市場，李嘉誠必須做出相應的策略來調整投資經營模式。這就好比地裡種了莊稼到了收穫的季節，明知有暴雨來襲，必然會立刻收割，怎麼會眼睜睜看著勞動果實爛在地裡。

李嘉誠說：「我一定不會『遷冊』，長和系永遠不會離開香港。不過規模的大小是另一回事，我有百分之百的責任保護股東的利益。」

計畫因未來而定

隨著全球經濟一體化趨勢的不斷加深，如今出現在人們眼前的投資機會和投資環境已非往日能比。任何一個有能力的商人，都可以平等的挑選對自己更有利的投資環境，包括經濟政治環境、法律政策環境等各個方面。盲目投資，靠一時運氣來博弈，在任何時候都必敗無疑。

李嘉誠在幾十年的商海沉浮中，累積了豐富的投資經營經驗，對市場變化有著超人般的準確判斷。他的每一次投資，都是客觀嚴謹的，「市場決定投資方向」。李嘉誠的市場判斷力也被世人所稱道，並被許多商業界人士效仿、學習。

然而，一場本屬正常的回籠金額、投資他處的商業行為，卻被輿論炒作為「撤資」、「隱形遷冊」。在這場子虛烏有的撤資風波中，李嘉誠以投資為手段謀求最大利益的商人本質被有意無意的忽略了。這對李嘉誠而言，實在有失公平。

李嘉誠很早就開始了他投資海外市場的腳步，幾十年間，長實集團的海外投資有條不紊，獲利豐厚。自從李嘉誠的長子李澤鉅掌管長實集團後，長實的海外擴張步伐更是有增無減，這也和李澤鉅本人的西式教育背景有關，新一代的企業家有著比李嘉誠那一代更開闊的國際化眼界。如今的長實集團已從一家香港的地產公司變為世界級的綜合企業，可觀的效益更能說明李氏父子這一經營策略的正確性。

企業要壯大，必須要有能夠容納它發展的市場，這就決定了經營者不能被現有的條件所禁錮，一定要為企業尋找到更廣闊的發展空間。

李嘉誠在一次演講中曾這樣說道：「二、三十年前我已預見香港這個情況，不是我聰明，而是香港只有700萬人口……有一次記者招待會，有記者問我會否「撤資」，問我為什麼不多在香港投資經營零售事業，我說，以零售業來說，集團在香港零售店鋪有682間，全球共有1萬2千間，就算在香港只增加10%店鋪，香港可以容納嗎？」

「香港市場已無法容納更多，因此，集團多年來已儘量控制。30年前，集團的香港員工有三萬多，外國的則只有一半；現在全球26萬多名員工，香港仍維持三萬多，相差7倍。」

「1979年我收購和記黃埔之前，它在香港以外的地方是零投資。因為知道這個情況（香港市場有限），我不斷到外國投資，今天證明我的做法是對的，如果集中在香港投資，根本是蠢事！」

正如李嘉誠所說，香港市場的需求有限，但是仍在飛速發展的長實集團並不能因為本土市場的需求飽和而停滯不前，作為領導者，將眼光投向更廣闊的海外市場，也是出於企業自身發展的需要。

李嘉誠曾為自己的投資法則做過一個形象的比喻：「不把雞蛋放在同一個籃子裡」。分裝在不同籃子裡的「雞蛋」，不僅降低了投資的風險，也擴大了企業的規模，不失為一種明智的選擇。

多年前李嘉誠投資中國內地市場，也正是因為看中了內地更為廣闊的發展空間和市場前景。不論是開發北京東方廣場，還是興建深圳鹽田港，都是對長實經營規模的一種有益補充。

長實集團的股東香港人居多，不論李嘉誠是在中國本土還是在海外投資，一旦時機成熟，將投資項目出售或者上市，收益最多的還是各大股東。從這點也可以看出李嘉誠作為一家上市公司的領導者所負有的責任心。

如今經濟形勢更加多元化，科技力量正顯現出它無比的威力，要想在未來社會站穩腳跟，必須要「與世界聯網」，與全球企業多進行合作。如果只靠過去單一化的本土性經營，勢必難有立足之地。

一個成功的人總會在到達制高點時，回溯自己走過的路以總結更多的經驗。李嘉誠作為一位極富智慧和投資眼光的企業家，在回溯過往時，他從不會對長實集團達到固定的目標而滿足，他的計畫，總是因未來而定。

儒商風範的魅力

2014年，李嘉誠已是86歲高齡。在中國人的觀念裡，這個年齡是超然的，從心所欲不逾矩，物我兩忘，名利如浮雲。

眾人眼中名利雙收的李嘉誠，如今就有著超然的心態，對於事業，他選好了接班人。他每天思考最多的事情，是如何更好的營運李嘉誠基金會，來幫助更多需要幫助的人。

李嘉誠基金會自1980年成立以來，擁有李嘉誠個人三分之一的資產，至今已捐出145億港元，被李嘉誠視為「第三個兒子」。李嘉誠始終把慈善當作一項事業在做，既出錢又出力，他一直希望能夠透過自己的言行得到社會人士的廣泛回應，將慈善事業轉變為促進社會進步的力量，而不僅僅是個人的道德完善。

李嘉誠說：「我喜歡簡單生活，我追求的是付出個人力量，協助社會進步。有能力從事公益事業，是一種福分，從中能夠得到真正的快樂。有能力的人，要為人類謀幸福，這是『任務』。」

耄耋之年的李嘉誠明白他不僅屬於自己，不僅屬於家庭，不僅屬於企業，他還屬於一個民族，屬於全人類。大富富於心！李嘉誠常說人們總過譽他是超人，而他只不過是個普通的經營者，但他的作為，早已超越了「商人」的範疇。

李嘉誠生於亂世之中，他所生活的時代，承載了一個地區的興衰、一個民族的榮辱。時代的多變給他的少年生活帶來了無盡苦難，同時也給他帶來了更多的機遇，李嘉誠所造就的傳奇，就是他幾乎抓住了手邊的每一次機遇，並將其完美運用，極致發揮。他的成功，也許能夠被複製，但絕對難以被超越。

李嘉誠白手起家，創業至今60餘載，面臨危機無數，但都一一避過。從一無所有到華人首富，實現了成千上萬人的夢想，他的「草根」致富之路，為世人樹立了實現夢想的完美範本。一個因家道艱難中途輟學的少年，憑藉勤奮、刻苦、努力，拚得了一片天地，富甲四方，稱霸華人世界，實在令人佩服。

從茶樓堂倌到富可敵國，李嘉誠只用了短短幾十年的時間，他完全有資本傲視人間。難得的是，人們在任何地方所見到的李嘉誠，從未有一絲狂妄之氣，他永遠帶著招牌式微笑，溫文爾雅，舉手投足間透露著謙謙君子風。

不得不說，李嘉誠是智慧的。他以自身的聰明才智，幾戰英資企業，上演了一幕幕兵不血刃即收購英資的絕好戲碼，讓新興的華資集團出盡了風頭，讓被稱作「大英帝國二等公民」的華人揚眉吐氣，香港民眾稱他是「民族英雄」。在那個特定的歷史時期，李嘉誠以一個商人的身分，完成了政治家式的成功。

同時，李嘉誠也是柔和的。在他的企業擴張道路中，最常見到的是以退為進、積蓄力量、等待時機的策略。李嘉誠是一個將進與退的巧妙法則運用到爐火純青的人，是一個深深懂得柔弱勝剛強道理的人。在為人處世方面，他也常顯出性格中柔和的一面。他向來與人為善，不論是對朋友還是對下屬，都保持著謙虛的心態，都肯用心去傾聽別人。

李嘉誠還是進取的。從他拿起書本自學的那一刻開始，幾十年間，他從未停下學習的腳步，一路向上。對知識的獲取讓他時刻把握時代發展的脈動，與時代同進步。當一個八旬老人拿著 iPhone 手機談論最新的科技成果時，這種不知疲憊、上下求索的精神，怎能不令旁人生出敬佩之心。

縱觀李嘉誠的一生，一邊是他不斷滋長的財富力量，一邊是他不斷完善的道德品質。他能把這兩者完美結合於一身，用自己持續不間斷的實際行動，向世人展示「新時代企業家」應有的韜略和胸懷，試圖用自己的成就和影響力來帶動社會正能量的迸發。

他的沉穩、審慎、堅韌，他的勤勞、刻苦、奮進；他的進與退、柔與剛；他的動與靜、取與捨……李嘉誠總是有辦法在衝突中找到最佳的結合點，他對平衡的把握和分寸感，總能為他的成功助力。

時至今日，李嘉誠仍有足夠靈活的頭腦、足夠精準的眼光、足夠準確的分寸感。他的傳奇之路，遠未到達終點，還將繼續書寫下去。

附錄1 李嘉誠人生年表

1928年，出生於廣東潮州。
1939年6月，為躲避戰亂，李嘉誠一家逃難至香港。
1943年，李嘉誠在「春茗大茶肆」找到人生中第一份工作。
1946年，開始接觸塑膠業。
1950年夏，創辦「創辦長江塑膠廠」。
1957年，成為「塑膠花大王」。
1958年，在港島北角購地興建了一幢12層樓高的工業大廈，正式宣佈進軍地產業。
1963年，與莊月明結婚。
1967年，左派暴動，地價暴跌，李嘉誠開始大量收購廉價地皮，為日後做準備。
1972年11月1日，長實集團上市，其股票被超額認購65.4倍。
1977年4月，競標獲得香港地鐵公司車站上蓋發展商資格，長實集團由此打進香港中區地產界。

1979年9月，收購老牌英資商行「和記黃埔」，李嘉誠成為首位收購英資商行的華人。

1980年，投資興建汕頭大學。並於同年創建「李嘉誠基金會」。

1984年，長實集團收購「香港電燈公司」。

1988年，與李兆基、鄭裕彤共同奪得溫哥華世博會舊址開發權。啟動「萬博豪園」專案。

1989年，進軍歐美電訊市場。

1991年，重組衛星電視公司。

1992年，開發深圳鹽田港。

1995年12月，長實集團上市總市值，已超過420億美元。

1998年，捐款1000萬美元興建了北大圖書館新館。

1999年，首次被富比士富豪排行榜評為全球華人首富，此後，連續15年獲此殊榮。

2014年《富比士》富豪排行榜中，李嘉誠以310億美元的身家，蟬聯亞洲首富，位列全球富豪排行第20位。

附錄2 李嘉誠精彩演講錄

賺錢的藝術——汕頭大學長江商學院「與大師同行」系列講座之一

2002年12月19日

韋鈺部長、項兵院長、徐校長、謝書記、齊教授、EMBA的各位教授和同學、汕大的各位老師、同學們：

EMBA的同學，因為你們都是在社會多方面有寶貴經驗的人，所以我講話的時間不會太長，由於我所講的內容未必是你們每一個人都想聽的，在我講完之後，我會儘量答覆你們有興趣的問題。

我每次出門，在機場都看到很多關於我的書籍，不知道為什麼其中最多人感興趣的題目總是我如何賺錢，既然那麼多人有興趣，我今天便選定了這個題目。

首先，讓我回顧一下我和「長和系」的發展里程碑。我是在1940年因戰亂隨家人從內地來港，不久因日軍來到，我便失學了。到1943年，父親因貧病失救去世，我開始負起家庭的重擔。1950年，我創立自己的公司「長江塑膠廠」，順便一提，我選擇「長江」作為公司名字，是希望勉勵自己要廣納人才，像長江不捐細流，才能浩瀚千里。至1971年，我成立「長江地產有限公司」，一年後，改名為「長江實業集團」並上市。1979年，我從滙豐銀行收購英資「和記黃埔集團」22．4％。2002年集團業務現已遍佈41個國家，雇員人數逾15萬。

很多人只看見我今天的成就，而已經忘記，甚至不理解其中的過程，我們公司現時擁有的一切其實是經過全體人員多年努力的成果。當年，我事業剛起步的時候，除了我個人赤手空拳，我沒有比其他競爭對手更優越的條件，一點也沒有，這包括資金、人脈、市場等。

很多人常常有一個誤解，以為我們公司快速擴展是和壟斷市場有關係，其實我個人和公司跟一般小公司環境一樣，都要在不斷的競爭中成長。當我整理公司發展資料時，最明顯的是我們參與不同行業的時候，市場內已有很強、具實力的競爭對手，擔當主導角色，究竟「老二如何變第一」？或者更正確地說「老三老四老五如何變第一第二」？我們今天可以探討一下。

競爭和市場環境的關係

競爭與市場環境緊密相連，已有很多書籍探討這個題目，我不再多談。很多關於我的報導都說我懂得抓緊時機，所以我今天就想談談時機的背後是什麼？

我個人認為是否能抓住時機和企業發展的步伐有重大關聯，要抓住時機先要掌握準確資料和最新資訊，能否主導時機是看你平常的步伐是否可以在適當的時候發力，走在競爭者之前。

等一會兒我會用 Orange 作為案例來說明下面幾個很重要的因素。

一，知己知彼。

二，磨礪眼光。

三，設定座標。

四，毅力堅持。

知己知彼

做任何決定之前，我們要先知道自己的條件，然後才知道自己有什麼選擇。在企業的層次上，身處國際競爭激烈的環境中我們要和對手相比，知道什麼是我們的優點，什麼是弱點，另外更要看對手的長處，人們經常花很長時間去發掘對手的不足，其實看對手的長處更是重要。掌握準確、充足資料可以做出正確的決定。

90年代初，和黃原來在英國投資的單向流動電話業務Rabbit，面對新技術的衝擊，我們覺得業務前途不大，決定結束。這亦不是很大的投資，我當時的考慮是結束更為有利。

與此同時，面對通訊技術很快的變化、市場不明朗的關鍵時刻，我們要考慮另一項剛剛在英國開始的電訊投資，究竟要繼續？或是把它賣給對手？當然賣出的機會絕少，只是初步的探討而已。

我們和買家剛開始洽談，對方的管理人員就用傲慢的態度跟我們的同事商談，我知道後很反感，將辦公室的鎖按上了，把自己關在辦公室十五分鐘，冷靜地衡量著兩個問題：

一，再次小心檢討流動通訊行業在當時的前途看法。

二，和黃的財力、人力、物力是否可以支持發展這項目？

當我給這兩個問題肯定的答案之後，我決定全力發展我們的網路，而且要比對手做得更快更全面。Orange就在這環境下誕生。

當然我得補充一句，每個企業的規模、實力各有不同，和黃的規模讓我有比較多的選擇。

磨礪眼光

知識最大的作用是可以磨礪眼光，增強判斷力，有人喜歡憑直覺行事，但直覺並不是可靠的方向儀。時代不斷進步，我們不但要緊貼轉變，還要有國際視野，掌握和判斷最快、最準的資訊，要創新比對手走前幾步。不願意改變的人只能等待運氣，懂得掌握時機的人另一方面就能創造機會。幸運只會降臨在那些有世界觀、膽大心細、敢於接受挑戰但是又能夠謹慎行事的人身上。

1999年我決定把Orange出售，也是基於我看到流動通信技術的進步和市場的轉變，當時我看到三個現象：

第一，語音服務越來越普及，增長速度雖然很快，但行業競爭太大，使得邊際利潤可能減低。

第二，訊息傳送服務的比重越來越大，增長速度的百分率比語音要高很多。

第三，在科技通信股熱潮的推動下，行動通信公司的市場價值已達到巔峰。

三個現象加在一起，讓我看到行動電話加網際網路是一個重要的配搭，潛力無限。所以我把握時機，在現有通信技術價值最高的時候，決定把Orange賣出去，再把錢投資在更切合實際需求的新科技領域上，例如第三代行動電話。

設定座標

我們身處一個多元的年代，面臨四方八面的挑戰，以和黃為例，集團業務遍佈41個國家，公司的架構及企業文化必須兼顧全球來自不同地方同事的期望與顧慮。

我在1979年收購和黃的時候，首先思考的是如何在中國人流暢的哲學思維和西方管理科學兩大範疇內，找出一些適合公司發展跟管理的座標，然後再建立一套靈活的架構，發揮企業精神，確保今日的擴展不會變成明天的包袱。

靈活的架構為集團輸送生命動力，讓不同業務的管理層有自我發展的生命力，互相競爭，不斷尋找最佳發展機會，帶給公司最大利益。

完善的治理守則和清晰的指引可以確保「創意」空間。

企業越大，單一的指令行為是不可行的，因為最終不能將管理層的不同專業和管理經驗發揮。

我再舉一個例子：賣出Orange之前兩個月，管理層曾經向我提出想展開一項重大的收購行動，我雖然感到市場價格已經超出常理，但是仍然在安全線內給他們想辦法，我的大前提是要保護全體股東的利益，就給他們列了四個條件，如果他們辦得到，便按他們的方法去做，我說：

第一，收購對象必須要有足夠的流動資金。

第二，Orange在完成收購之後，負債比率不能增高。

第三，Orange發行新股去進行收購後，和黃仍然要保持百分之三十五的股權。我向他們說：35%的股權不但保護和黃的利益，更重要的是保護Orange全體股東的利益。

第四，對收購的公司有絕對控制權。

他們聽完之後很高興，而且也同意這四點原則，認為守在這四點範圍內他們就可以去進行收購，結果他們辦不到，這個提議當然就無法實行。

這只是眾多例子中的一個，其實在長和系集團裡面我們有很多子公司，我都會因應每家公司經營的業務、營商環境、財務狀況、市場前景等，給他們定出不同的座標，讓管理層在座標的範圍內靈活發揮。

毅力堅持

因為市場的逆轉情況，有太多的因素引發，成功沒有百分百絕對的方程式，但是失敗都有定律，減低一切失敗的因素就是成功的基礎。例如：

緊守法律和企業守則

嚴守足夠的流動資金（cashflow）

維持溢利

重視人才的凝聚和培訓

以上四點可以加強具克服困難的決心和承擔風險能力。

結語

1.現今世界經濟嚴峻，成功沒有魔法，也沒有點金術，但人文精神永遠是創意的泉源。作為企業領導，他必須具有國際視野、能全景思維、有長遠的眼光、務實創新，掌握最新、最準確的資料，做出正確的決策，迅速行動，全力以赴。更重要的是正如我曾經說過的，要建立個人和企業良好信譽，這是在資產負債表之中見不到但價值無限的資產。

2.領導的全心努力投入與熱誠是企業最大的鼓動力，透過管理層與員工之間的互動溝通、對同事的尊重，這樣才可以建立團隊精神。人才難求，對具備創意、膽色和審慎態度的同事應該給予良好的報酬和顯示明確的前途。

3.商業的存在除了創造繁榮和就業機會，最大的作用是為服務人類的需求，企業本身雖然要為股東謀取利潤，但是仍然應該堅持「正直」是企業的固定文化，也可以被視為是經營的其中一項成本，但它絕對是企業長遠發展最好的根基。一個有使命感的企業家，應該努力堅持，走一條正途，這樣我相信大家一定可以得到不同程度的成就。

管理的藝術——汕頭大學長江商學院「與大師同行」系列講座之一

2005年6月28日

尊敬的各位領導、各位來賓、各位教授、同學們：

屈指一算我的公司已成立了55年，由1950年數個人的小型公司發展到今天全球52個國家超過20萬員工的企業。我不敢和那些管理學大師相比，我沒有上學的機會，一輩子都努力自修，苦苦追求新知識和學問，管理有沒有藝術可言？我有自己的心得和經驗。

翻查字典，Art——「藝術」的定義可簡單歸納為人類發自內心的創作、行為、原則、方法或表達，一般帶美感，能有超然性和能引起共鳴。是一門能從求學、模仿、實踐和觀察所得的學問。光看這些表面證供，管理學幾乎和藝術可混為一談，那麼我今天就應該沒有什麼好講了。

你是老闆還是領袖？

我常常問我自己，你是想當團隊的老闆還是一個團隊的領袖？一般而言，做老闆簡單得多，你的權力主要來自你的地位之便，這可來自上天的緣分或憑仗你的努力和專業的知識。

做領袖較為複雜，你的力量源自人性的魅力和號召力。要做一個成功的管理者，態度與能力一樣重要。領袖領導眾人，促動別人自覺甘心賣力；老闆只懂支配眾人，讓別人感到渺小。

想當好的管理者，首要任務是知道自我管理是一重大責任，在流動與變化萬千的世界中，發現自己是誰，瞭解自己要成什麼模樣是建立尊嚴的基礎。儒家之修身、反求諸己、不欺暗室的原則，西方之宗教教律，圍繞這題目落墨很多，到書店、在網上自我增值的書和秘訣數不勝數。我認為自我管理是一種靜態管理：是培養理性力量的基本功，是人把知識和經驗轉變為能力的催化劑。這「化學反應」由一連串的問題開始，人生在不同的階段中，要經常反思自問，我有什麼心願？我有宏偉的夢想，我懂不懂得什麼是節制的熱情？我有拚戰命運的決心，我有沒有面對恐懼的勇氣？我有資訊有機會，有沒有實用智慧的心思？我自信能力天賦過人，有沒有面對順流逆流時懂得恰如其分處理的心力？你的答案可能因時、因事、因處境，審時度勢而有所不同，但思索是上天恩賜人類捍衛命運的盾牌，很多人總是把不當的自我管理與交厄運混為一談，這是很消極無奈和在某一程度上是不負責任的人生態度。

十四歲，窮小子一個的時候，我對自己有一管理方法很簡單，我知道我必須賺取足夠一家勉強存活的費用。我知道沒有知識我改變不了命運，我知道今天的我沒有本錢好高騖遠，我也想飛得很高，在腦袋中常常記起我祖母的感嘆：「阿誠，我們什麼時候能像潮州城中某某人那麼富有。」我可不想像希臘神話中伊卡羅斯一樣，憑仗蠟做得翅膀翱翔而墮下。我一方面謹守角色，雖然我當時只是小工，但我堅持每樣交託給我的事做得妥當出色，一方面絕不浪費時間，把任何剩下來的一分一毫都購買實用的舊書籍。我知道要成功，怎能光靠運氣，欠缺學問知識，程度與人相距甚遠，運氣來臨的時候也不知道。還有一重要點，我想和同學分享，講究儀容整齊清潔是自律的表現，誰都能理解貧困的人包裝選擇不多，但能選擇自律心靈態度的人更容易備受欣賞。

二十二歲我成立公司以後，進取奮鬥的品德和性格對我而言層次有所不同，我知道光憑能忍、任勞任怨的毅力已是低循環過時的觀念，成功也許沒有既定的方程式，失敗的因數卻顯而易見，建立減低失敗的架構，是步向成功的快捷方式。知識需要和意志結合，靜態管理自我的方法要伸延至動態管理，理性的力量加上理智的力量，問題的核心在如何避免聰明組織幹愚蠢的事。「如果」一詞對我有新的意義，多層思量和多方能力皆有極大的價值，要知道。後見之明在商業社會中只有很狹隘的貢獻。人類最獨特的不僅是我們有洞悉思考事物本質的理智，而且我們有遵守承諾、矯正更新的能力、堅守價值觀及追求目標的意志。

商業架構的靈活制度要建基於實事求是、能有自我修正挽回的機制。我指的不單純是會計系統，而是在張力中釋放動力，在信任、時間、能力等範疇建立不呆板、能隨機應變的制度。你們也許聽過我說企業應在穩健中尋找跳躍的進步，大標題下的小點要包括但不局限於：開源對節流、監督管治對創意和授權、直覺對科學觀、知止對無限發展等。（見演講稿

《賺錢的藝術》）

每一個機構有不同的挑戰，很難有絕對放諸四海皆準、皆適用的預製元件，老實說我對很多人云亦云的表面專家的分析是尊敬有加，心裡有數，說得俗一點，有時大家方向都正確，要的卻是花拳繡腿、姿勢又不對。管理者對自己負責的事和身處的組織有深層的體驗和理解最為重要。瞭解細節，經常能在事前防禦危機的發生。

其次，成功的管理者都應是伯樂，「摩登伯樂」的責任不僅在甄選、延攬比他更聰明的人才，但絕對不能挑選名氣大但妄自標榜的企業明星。高度競爭社會中，高效組織的企業亦無法負擔那些濫竽充數、唯唯諾諾、灰心喪志的員工，同樣也難負擔光以自我表演為一切出發點的「企業大將」。挑選團隊，有忠誠心是基本，但更重要的是要謹記光有忠誠但能力低的人和道德水準低下的人同樣是遲早累垮團隊、拖垮企業，是最不可靠的人。要建立同心協力的團隊第一條法則就是能聆聽得到沉默的聲音，問自己團隊和你相處，有無樂趣可言，你是否開明公允、寬宏大量，能承認每一個人的尊嚴和創造的能力，有原則和座標而不是費時失事矯枉過正的執著者。

領袖管理團隊要知道什麼是正確的「槓桿」心態，「槓桿定律」始祖阿基米德（Archimedes）（西元前287至前212年）是古希臘學者，他曾說：「給我一個支點，我可以舉起整個地球。」支點是效率和節省資源策略智慧的出發點，試想與海克力士（Hercules）單憑個人力氣相比，阿基米德是有效得多。不知從什麼時候開始，把這概念簡單扭曲為教人迷思四兩撥千斤，教人以小搏大，聰明的管理者專注研究精算出的是支點的位置，支點的正確無誤才是結果的核心。這門功夫倚仗你的專業知識和綜合力，能否洞察出那些看不見的聯繫之層次和次序。今天我們看見很多公司只看見千斤和四兩的直接可能面忽視支點的可能性，因過度擴張而陷入困境。

我未有你們幸運在商學院聆聽教授指導，告訴你們，我年輕的時候，最喜歡翻閱的是上市公司的年度報告書，表面上挺沉悶，但別人會計處理方法的優點和漏弊，方向的選擇和公司資源的分佈有很大的啟示。

對我而言，管理人員對會計知識的把持和尊重，正現金流的控制，公司預算的掌握，是最基本的元素。還有兩點不要忘記：第一，管理人員特別要花心思在脆弱環節；第二，在任何組織內優柔寡斷者和盲目衝動者均是一種傳染病毒，前者的延誤時機和後者的盲目衝動均可使企業在一夕間造成毀滅性的災難。

最後，好的管理者真正的藝術在其接受新事、新思維與傳統中和更新的能力。人的認知力由理性和理智的交融貫通，我們永遠不是也永遠不能成為「無所不能的人」，有時我很驚訝地聽到今天還有管理人以「勞累」為單一賣點，「天行健，君子以自強不息」，自強不息的方法重要，君子的定義也同樣重要，要保持企業生生不息，管理人要賦予企業生命，這不單是時下流行在介紹企業時在 powerpoint 打上使命，或是懂得說上兩句人文精神的語言，而是在商業秩序模糊的地帶力求建立正直誠實的良心。這路並不好走，企業核心責任是追求效率及贏利，儘量擴大自己的資產價值，其立場是正確及必要的。商場每一天如嚴酷的戰爭，負責任的管理者捍衛企業和股東的利益已經天天精疲力竭，永無止境的開源節流、科技更新及投資增長，卻未必能創造就業機會，市場競爭和社會責任每每兩難兼顧，很多時候，也只能是在眾多社會問題中略盡綿力而已。

我常常跟兒子說，他要建立沒有傲心但有傲骨的團隊，在肩負經濟組織其特定及有限責任的同時，也要努力不懈，攜手服務貢獻於社會。這不能只是我對你的一個希望，而是你對我的一個承諾。今天也和大家共勉。

謝謝大家。

我的第三個兒子——新加坡「馬康富比士終身成就獎」致辭

2006年9月5日

Dearsteve、各位嘉賓、各位朋友：

我是李嘉誠，今天能夠參與此盛會，接受《富比士》雜誌及富比士家族頒予此終身成就獎，實在是非常榮幸，感謝你們今天與我一同分享這歡樂時刻。

對我來說，「終身」一詞給人的感覺是巨大沉重的，令人不得不反思自己走過的道路。

我成長在戰亂中，回想過往，與貧窮及命運進行角力的滋味是何等深刻，一切實在是不容易的歷程。從12歲開始，一瞬間已工作66載：我的一生充滿了挑戰，蒙上天的眷顧和憑仗努力，我得到很多，亦體會很多。在這全球競爭日益激烈的商業環境中，時刻被要求要有智慧、要有遠見、要求創新，確實令人身心勞累；然而儘管如此，我還是能很高興地說，我始終是個快樂的人，這快樂並非來自成就和受讚賞的超然感覺；對我來說最大的幸運是能頓識內心的富貴才是真的富貴，它促使我作為一個人、一個企業家，盡一切所能將上天交付給我的經驗、智慧和財富服務社會。

我常常想知道，如能把人類歷史中興衰遞變的一切得失，細列在資產負債表上，最真實和公平的觀點會是什麼？今日，經濟全球化進程帶來的種種機會會引向何方？對貧富懸殊加劇的擔憂，價值觀的衝突帶來的無奈，誰能安然無慮、處之泰然？人類能否憑仗自己的力量克服及超越自然環境的困局和疾病的痛楚？在充滿分歧的世界中，個人的善意、力量和主觀願望是否足夠建造一個公平公正的社會及為每一個人的明天帶來同樣的希望？

作為企業家，我們都知道尋找正確的資本投資的重要性，而社會資本像其他資產一樣是可以量化的，社會資本包括的同理心、同濟心、信任與分享信念、社區參與、義務工作、社會網路及公民精神等，這些全屬可量化和有效益的價值，是宏觀與微觀經濟層面之間最重要的聯繫；同濟心是人性最坦率及強而有力的內心表達，能建造、能強化、能增長及治療和消除痛楚，我們都應樂於參與投資。

為此，我於1980年成立了基金會，他是我的第三個兒子，他早已擁有我不少的資產，我全心全意地愛護他，我相信基金會的同仁及我的家人，定會把我的理念，透過知識教育改變命運或是以正確及高效率的方法，幫助正在深淵痛苦無助的人，把這心願延續下去。

在華人傳統觀念中，傳宗接代是一種責任，我呼籲亞洲有能力的人士，儘管我們的政府對支持和鼓勵捐獻文化並未成熟，只要在我們心中，能視幫助建立社會的責任猶如延續同樣重要，選擇捐助資產如同分配給兒女一樣，那我們今天一念之悟，將會為明天帶來很多新的希望。

各位朋友，有能力選擇和做出貢獻是一種福分，而這正是企業家最珍貴的力量。我們有幸活在一個充滿機會及令人興奮的時代，我們擁有更多創意、更多科技、更多時間，甚至更長的壽命。各位都是個別專業領域的頂尖人物，有智慧和信心，你們富有開拓精神、付出努力，過著有意義的生活。同濟心不是富裕人士專有的，亦並非單單屬於某一階層、國家或宗教的；透過決心及自由發揮，它可創出自己的新世界，一個能體現集體力量、具感染性的大同社會，因為這工作是永恆的，而其影響力也是無窮無盡的。讓我們大家一起同心協力，不要再猶豫，拿出我們企業家豪邁的精神和勇氣，讓我們選擇積極幫助有需要的人重塑命運，共同為社會進步賦予新的意義。

再次深深感謝各位。

附錄3 李嘉誠精彩語錄

1. 我17歲就開始做批發的推銷員，就更加體會到賺錢的不容易、生活的艱辛了。人家做8個小時，我就做16個小時。

2. 我們的社會中沒有大學文憑、白手起家而終成大業的人不計其數，其中的優秀企業家群體更是引人注目。他們透過自己的活動為社會做貢獻，社會也回報他們以崇高榮譽和巨額財富。

3. 精明的商家可以將商業意識滲透到生活的每一件事中去，甚至是一舉手一投足。充滿商業細胞的商人，賺錢可以是無處不在、無時不在。

4. 我凡事必有充分的準備然後才去做。一向以來，做生意處理事情都是如此。例如天文臺說天氣很好，但我常常問我自己，如5分鐘後宣佈有颱風，我會怎樣，在香港做生意，亦要保持這種心理準備。

5. 精明的商人只有嗅覺敏銳才能將商業情報作用發揮到極致，那種感覺遲鈍、閉門自鎖的公司老闆常常會無所作為。

6. 我從不間斷讀新科技、新知識的書籍，不致因為不瞭解新訊息而和時代潮流脫節。

7. 即使本來有一百的力量足以成事，但我要儲足兩百的力量去攻，而不是隨便去賭一賭。

8. 擴張中不忘謹慎，謹慎中不忘擴張。……我講求的是在穩健與進取中取得平衡。船要行得快，但面對風浪一定要挨得住。

9. 好的時候不要看得太好，壞的時候不要看得太壞。最重要的是要有遠見，殺雞取卵的方式是短視的行為。

10. 不必再有絲毫猶豫，競爭既搏命，更是鬥智鬥勇。倘若連這點勇氣都沒有，談何在商場立腳，超越置地？

11. 對人誠懇，做事負責，多結善緣，自然多得人的幫助。淡泊明志，隨遇而安，不作非分之想，心境安泰，必少許多失意之苦。

12. 在逆境的時候，你要問自己是否有足夠的條件。當我自己逆境的時候，我認為我夠！因為我勤奮、節儉、有毅力，我肯求知及肯建立一個信譽。

13. 做生意和打高爾夫球一樣，若第一桿打得不好的話，在打第二桿時，心更要保持鎮定及有計畫，這並不表示這場球一定會輸。就好比是做生意一樣，有高有低，身處逆境時，你先要鎮定考慮如何應付。

14. 我表面謙虛，其實很驕傲，別人天天保持現狀，而自己老想著一直爬上去，所以當我做生意時，就警惕自己，若我繼續有這個驕傲的心，遲早有一天是會碰壁的。

15. 當生意更上一層樓的時候，絕不可有貪心，更不能貪得無厭。

16. 任何一種行業，如有一窩蜂的趨勢，過度發展，就會造成摧殘。

17. 隨時留意身邊有無生意可做，才會抓住時機把握升浪起點。著手越快越好。遇到不尋常的事發生時立即想到賺錢，這是生意人應該具備的素質。

18. 人才缺乏，要建國圖強，亦徒成虛願。反之，資源匱乏的國家，若人才鼎盛，善於開源節流，則自可克服各種困難，而使國勢蒸蒸日上。從歷史上看，資源貧乏之國不一定衰弱，可為明證。

19. 假如今日，如果沒有那麼多人替我辦事，我就算有三頭六臂，也沒有辦法應付那麼多的事情，所以成就事業最關鍵的是要有人能夠幫助你，樂意跟你工作，這就是我的哲學。

20. 你們不要老提我，我算什麼超人，是大家同心協力的結果。我身邊有300員虎將，其中100人是外國人，200人是年富力強的香港人。

21. 長江取名基於長江不捐細流的道理，因為你要有這樣豁達的胸襟，然後你才可以容納細流？？沒有小的支流，又怎能成長江？

22.在我心目中，不管你是什麼樣的膚色，不管你是什麼樣的國籍，只要你對公司有貢獻，忠誠、肯做事、有歸屬感，即有長期的打算，我就會幫他慢慢地經過一個時期而成為核心分子，這是我公司一向的政策。

23.一個總司令，是一個集團軍的統帥，拿起機關槍總不會勝過機關槍手，走到砲兵隊操作大砲也不如砲兵。作為集團軍的總司令不要管這些，只要懂得運用戰略便可以，所以整個組織十分重要。

24.人才取之不盡，用之不竭。你對人好，人家對你好是自然的，世界上任何人都可以成為你的核心人物。

25.知人善任，大多數人都會有部分的長處，部分的短處，各盡所能，各得所需，以量才而用為原則。

26.可以毫不誇張地說，一個大企業就像一個大家庭，每一個員工都是家庭的一分子。就憑他們對整個家庭的巨大貢獻，他們也實在應該取其所得，只有反過來說，是員工養活了整個公司，公司應該多謝他們才對。

27.不為五斗米折腰的人，在哪裡都有。你千萬別傷害別人的尊嚴，尊嚴是非常脆弱的，經不起任何的傷害。

28.在我的企業內，人員的流失及跳槽率很低，並且從沒出現過工潮。最主要的是員工有歸屬感，萬眾一心。

29.有錢大家賺，利潤大家分享，這樣才有人願意合作。假如拿10%的利潤是公正的，拿11%也可以，但是如果只拿9%的利潤，就會財源滾滾來。

30.我老是在說一句話，親人並不一定就是親信。一個人你要跟他相處，日子久了，你覺得他的思路跟你一樣是正面的，那你就應該可以信任他；你交給他的每一項重要工作，他都會做，這個人就可以做你的親信。

31.人要去求生意就比較難，生意跑來找你，你就容易做，那如何才能讓生意來找你？那就要靠朋友。如何結交朋友？那就要善待他人，充分考慮到對方的利益。

32.有金錢之外的思想，保留一點自己值得自傲的地方，人生活得更加有意義。

33.以往我是百分之九十九教孩子做的道理，現在有時會與他們談生意……但約三分之一談生意，三分之二教他們做人的道理。因為世情才是大學問。

34.壞人固然要防備，但壞人畢竟是少數，人不能因噎廢食，不能為了防備極少數壞人連朋友也拒之門外。更重要的是，為了防備壞人的猜疑，算計別人，必然會使自己成為孤家寡人，既沒有了朋友，也失去了事業上的合作者，最終只能落個失敗的下場。

35.那些私下忠告我們，指出我們錯誤的人，才是真正的朋友。

36.商業合作必須有三大前提：一是雙方必須有可以合作的利益，二是必須有可以合作的意願，三是雙方必須有共用共榮的打算。此三者缺一不可。

37.不義而富且貴，於我如浮雲。是我的錢，一塊錢掉在地上我都會去撿。不是我的，一千萬塊錢送到我家門口我都不會要。我賺的錢每一毛錢都可以公開，就是說，不是不明白賺來的錢。

38.我覺得，顧及對方的利益是最重要的，不能把目光僅僅局限在自己的利上，兩者是相輔相成的，自己捨得讓利，讓對方得利，最終還是會給自己帶來較大的利益。佔小便宜的不會有朋友，這是我小的時候我母親就告訴我的道理，經商也是這樣。

39.一個人一旦失信於人一次，別人下次再也不願意和他交往或發生貿易往來了。別人寧願去找信用可靠的人，也不願意再找他，因為他的不守信用可能會生出許多麻煩來。

40.如果取得別人的信任，你就必須做出承諾，一經承諾之後，便要負責到底，即使中途有困難，也要堅守諾言。

41.我生平最高興的，就是我答應幫助人家去做的事，自己不僅是完成了，而且比他們要求的做得更好，當完成這些信諾時，那種興奮的感覺是難以形容的……

42. 世情才是學問。世界上每一個人都精明，要令大家信服並喜歡不容易。

43. 注重自己的名聲，努力工作、與人為善、遵守諾言，這樣對你們的事業非常有幫助。

44. 講信用，夠朋友。這麼多年來，差不多到今天為止，任何一個國家的人，任何一個省份的中國人，跟我做夥伴的，合作之後都成為好朋友，從來沒有一件事鬧過不開心，這一點是我引以為榮的事。

45. 我個人對生活一無所求，吃住都十分簡單，上天給我的恩賜，我並沒多要財產的奢求。如果此生能做多點對人類、民族、國家長治久安有益的事，我是樂此不疲的。

46. 保持低調，才能避免樹大招風，才能避免成為別人進攻的靶子。如果你不過分顯示自己，就不會招惹別人的敵意，別人也就無法捕捉你的虛實。

47. 如果單以金錢來算，我在香港第六、七名還排不上，我這樣說是有事實根據的。但我認為，富有的人要看他是怎麼做。照我現在的做法，我為自己內心感到富足，這是肯定的。

48. 做人最要緊的，是讓人由衷地喜歡你，敬佩你本人，而不是你的財力，也不是表面上讓人聽你的。

49. 絕不同意為了成功而不擇手段，刻薄成家，理無久享。

50. 一個有使命感的企業家，應該努力堅持走一條正途，這樣我相信大家一定可以得到不同程度的成就。

51. 要成為一位成功的領導者，不單要努力，更要聽取別人的意見，要有忍耐力，提出自己意見前，更要考慮別人的意見，最重要的是創出新穎的意念……作為一個領袖，第一最重要的是責己以嚴，待人以寬；第二。要令他人肯為自己辦事，並有歸屬感。機構大必須依靠組織，在二三十人的企業，領袖走在最前端便最成功。當規模擴大至幾百人，領袖還是要去參與工作，但不一定是走在前面的第一人。要大便要靠組織，否則，便遲早會撞板，這樣的例子很多，百多年的銀行也一朝崩潰。

52. 未攻之前一定先要守，每一個政策的實施之前都必須做到這一點。當我著手進攻的時候，我要確信，有超過百分之一百的能力。換句話說，即使本來有一百的力量足以成事，但我要儲足兩百的力量才去攻，而不是隨便去賭一賭。

53. 與其到後來收拾殘局，甚至做成蝕本生意，倒不如當時理智克制一些。

54. 眼睛僅盯在自己小口袋的是小商人，眼光放在世界大市場的是大商人。同樣是商人，眼光不同，境界不同，結果也不同。

55. 身處在瞬息萬變的社會中，應該求創新，加強能力，居安思危，無論你發展得多好，時刻都要做好準備。

56. 中華民族勤勞勇敢，堅忍不拔，雖然歷史上有過受辱挨打的過去，但是現在走正確的道路必然會有著光明的未來。無論哪個民族和人民，都是愛自己國家……

57. 力爭上游，雖然辛苦，但也充滿了機會。我們做任何事，都應該有一番雄心壯志，立下遠大和目標，用熱忱激發自己幹事業的動力。

58. 人，第一要有志，第二要有識，第三要有恆，有志則斷不甘為下流。

59. 知識不僅是指課本的內容，還包括社會經驗、文明文化、時代精神等整體要素，才有競爭力，知識是新時代的資本，五六0年代人靠勤勞可以成事；今天的香港要搶知識，要以知識取勝。

60. 人們讚譽我是超人，其實我並非天生就是優秀的經營者。到現在我只敢說經營得還可以，我是經歷了很多挫折和磨難之後，才領會一些經營的要訣的。

61. 今天在競爭激烈的世界中，你付出多一點，便可贏得多一點。好像奧運會一樣，如果跑短賽，雖然是跑第一的那個贏了，但比第二、第三的只勝出少許，只要快一點，便是贏。

62. 當你做出決定後，便要一心一意地朝著目標走，常常記著名譽是你的最大資產，今天便要建立起來。

63. 在事業上謀求成功，沒有什麼絕對的公式，但如果能依賴某些原則的話，能將成功的希望提高許多。

64. 苦難的生活，是我人生的最好鍛鍊，尤其是做推銷員，使我學會了不少的東西，明白了不少事理。所以這些，是我花10億、100億也買不到的。

65. 我認為勤奮是個人成功的要素，所謂一分耕耘，一分收穫，一個人所獲得的報酬和成果，與他所付出的努力是有極大的關係。運氣只是一個小因素，個人的努力才是創造事業的最基本條件。

66. 創業的過程，實際上就是恆心和毅力堅持不懈的發展過程，其中並沒有什麼秘密，但要真正做到中國古老的格言所說的勤和儉也不太容易。而且，從創業之初開始，還要不斷學習，把握時機。

67. 在看蘇東坡的故事後，就知道什麼叫無故受傷害。蘇東坡沒有野心，但就是給人陷害，他弟弟說得對：我哥哥錯在出名，錯在高調。這個真是很無奈的過失。

68. 年輕時我表面謙虛，其實我內心很驕傲。為什麼驕傲呢？因為同事們去玩的時候，我去求學問；他們每天保持原狀，而自己的學問日漸提高。

69. 我這棵小樹是從沙石風雨中長出來的，你們可以去山上試試，由沙石長出來的小樹，要拔去是多麼的費力啊！但從石縫裡長出來的小樹，則更富有生命力。

70. 科技世界深如海，正如曾國藩所說的，必須有智、有識，當你懂得一門技藝，並引以為榮，便越知道深如海，而我根本未到深如海的境界，我只知道別人走快我們幾十年，我們現在才起步追，有很多東西要學習。

71. 無論何種行業，你越拚搏，失敗的可能性越大，但是你有知識，沒有資金的話，小小的付出就能夠有回報，並且很可能達到成功。

72. 從前經商，只要有些計謀，敏捷迅速，就可以成功；可現在的企業家，還必須要有相當豐富的知識資產，對於國內外的地理、風俗、人情、市場調查、會計統計等都非常熟悉不可。

73. 一個人憑己的經驗得出的結論當然是最好，但是時間就浪費得多了，如果能將書本知識和實際工作結合起來，那才是最好的。

74. 下一個世紀的企業家將和我完全不同，因新世紀企業家的成功取決於科技和知識，而不是錢。

75. 作為父母，讓孩子在十五、六歲就遠離家鄉，遠離親人，隻身到外面去求學深造，當然是有些於心不忍，但是為了他們的將來，就是再不忍心也要忍心。

76. 如果在競爭中，你輸了，那麼你輸在時間；反之，你贏了，也贏在時間。

77. 世界上並非每一件事情，都是金錢可以解決的，但是確實有很多事情需要金錢才能解決。

78. 我的錢來自社會，也應該用於社會，我已不再需要更多的錢，我賺錢不是只為了自己。為了公司，為了股東，也為了替社會多做些公益事業，把多餘的錢分給那些殘疾及貧困的人。

79. 萬一真的失敗了，也不必怨恨，慢慢圖謀東山再起的機會，只要一息尚存，仍有作最後決戰的本錢。

80. 一個人除了賺錢滿足自己的成就感之外，就是為了讓自己生活得更好一點，如果只顧賺錢，並賠上自己的健康，那是很不值得的。

81. 做事投入是十分重要的。你對你的事業有興趣，你的工作一定會做得好。

82. 儘量擠出時間使自己得到良好的休息。只有得到良好的休息，才會有充沛、旺盛的精力去面對突如其來發生的各種事情。

83. 衣服和鞋子是什麼牌子，我都不怎麼講究。一套西裝穿十年八年是很平常的事。我的皮鞋十雙有五雙是舊的。皮鞋壞了，扔掉太可惜，修好了照樣可以穿。我手上戴的手錶，也是很普通的，已經用了好多年。

84. 我覺得一家幸福是最緊要，生意起跌是小事。生意今日起，明日跌，一家人開心最緊要。

85. 商業的存在除了創造繁榮和就業，最大作用是服務人類的需要。企業是為股東謀取利潤的，但應該堅持固有文化，這裡經營的其中一項成就，是企業長遠發展最好的途徑。

86.為了適應時代發展變化的需要，也為了企業自身的生存和發展，企業必須以市場為導向、以創新為手段、以效率為核心，重建企業形象。

87.我們長江要生存，就得要競爭；要競爭，就必須有好的品質。只有保證品質，才能保證信譽，才能保證長江的發展壯大。

88.我對自已有一個約束，並非所有賺錢的生意都做。有些生意，給多少錢讓我賺，我都不賺……有些生意，已經知道是對人有害，就算社會容許做，我都不做。

89.領導全心協力投入熱誠，是企業最大的鼓動力。與員工互動溝通，對同事尊重，才可建立團隊精神。人才難求，對具備創意、膽識及謹慎態度的同事，應給予良好的報酬和顯示明確的前途。

90.對一個職工，如果他平時馬馬虎虎，我會十分生氣，一定會批評，但他有時做錯事，你應該給他機會去改正。

91.大部分的人都有部分長處部分短處，好像大象食量以斗計，螞蟻一小勺便足夠。各盡所能，各得所需，以量才而用為原則；又像一部機器，假如主要的機件需要用五百匹馬力去發動，雖然半匹馬力與五匹馬力相比是小得多，但也能發揮其一部分作用。

92. 中國古人講：萬變不離其宗。這個宗就是指合乎實際情況，合乎道理。變是一定要變的，這個世界本來就是豐富多彩的，千變萬化的。

93. 要給員工好的待遇及前途，讓他們有受重視的感覺。當然，還要有良好的監督和制衡制度，不然山高皇帝遠，一個好人也會變壞。

94. 雖然老闆受到的壓力較大，但是做老闆所賺的錢，已經多過員工很多，所以我事事總不忘提醒自己，要多為員工考慮，讓他們得到應得的利益。

95. 我認為要像西方那樣，有制度且比較進取，用兩種方式來做，而不是全盤西化或是全盤儒家。儒家有它的好處，也有它的短處，儒家在進取方面是很不夠的。

96. 一間小的家庭式公司要一手一腳去做，當公司發展大了，便要讓員工有歸屬感，令他們感到安心，這是十分重要的。管理之道，簡單來說是知人善任，但在原則上一定要令他們有歸屬感，要他們喜歡你。

97. 只有博大的胸襟，自己才不會那麼驕傲，不會認為自己樣樣出眾，承認其他人的長處，得到他人的幫助，這便是古人所說的有容乃大的道理。

98. 凡事都留個餘地，因為人是人，人不是神，不免有錯處，可以原諒人的地方，就原諒人。

世界菁英

01	拿破崙全傳：世界在我的馬背上	艾米爾路德維希	定價：320元
02	曼德拉傳：風雨中的自由鬥士	謝東	定價：350元
03	朴槿惠傳：只要不絕望，就會有希望	吳碩	定價：350元
04	柴契爾夫人傳：英國政壇鐵娘子	穆青	定價：350元
05	梅克爾傳：德國第一位女總理	王強	定價：350元
06	普京傳：還你一個奇蹟般的俄羅斯	謝東	定價：420元
07	制霸：李嘉誠和他的年代	艾伯特	定價：320元

職場生活

01	公司就是我的家	王寶瑩	定價：240元
02	改變一生的156個小習慣	憨氏	定價：230元
03	職場新人教戰手冊	魏一龍	定價：240元
04	面試聖經	RockForward	定價：350元
05	世界頂級CEO的商道智慧	葉光森劉紅強	定價：280元
06	在公司這些事，沒有人會教你	魏成晉	定價：230元
07	上學時不知，畢業後要懂	賈宇	定價：260元
08	在公司這樣做討人喜歡	大川修一	定價：250元
09	一流人絕不做二流事	陳宏威	定價：260元
10	聰明女孩的職場聖經	李娜	定價：220元
11	像貓一樣生活，像狗一樣工作	任悅	定價：320元
12	小業務創大財富—直銷致富	鄭鴻	定價：240元
13	跑業務的第一本SalesKey	趙建國	定價：240元
14	直銷寓言--激勵自己再次奮發的寓言故事	鄭鴻	定價：240元
15	日本經營之神松下幸之助的經營智慧	大川修一	定價：220元
16	世界推銷大師實戰實錄	大川修一	定價：240元
17	上班那檔事--職場中的讀心術	劉鵬飛	定價：280元
18	一切成功始於銷售	鄭鴻	定價：240元
19	職來職往--如何找份好工作	耿文國	定價：250元
20	世界上最偉大的推銷員	曼尼斯	定價：240元
21	畢業5年決定你一生的成敗	賈司丁	定價：260元
22	我富有，因爲我這麼做	張俊杰	定價：260元

23	搞定自己搞定別人	張家名	定價：260元
24	銷售攻心術	王擁軍	定價：220元
25	給大學生的10項建議： 祖克柏創業心得分享	張樂	定價：300元
26	給菁英的24堂心理課	李娜	定價：280元
27	20幾歲定好位；30幾歲有地位	姜文波	定價：280元
28	不怕被拒絕：銷售新人成長雞湯	鄭鴻	定價：280元
29	我富有，因爲我這麼做－II	張俊杰	定價：240元

身心靈成長

01	心靈導師帶來的36堂靈性覺醒課	姜波	定價：300元
02	內向革命-心靈導師A.H.阿瑪斯的心靈語錄	姜波	定價：280元
03	生死講座——與智者一起聊生死	姜波	定價：280元
04	圓滿人生不等待	姜波	定價：240元
05	看得開放得下——本煥長老最後的啓示	淨因	定價：300元
06	安頓身心--喚醒內心最美好的感覺	麥克羅	定價：280元
07	捨不得 捨得是一種用金錢買不到的獲得	檸檬公爵	定價：260元
08	放不開--你爲什麼不想放過自己？	檸檬公爵	定價：260元

典藏中國：

01	三國志--限量精裝版	秦漢唐	定價：199元
02	三十六計--限量精裝版	秦漢唐	定價：199元
03	資治通鑑的故事--限量精裝版	秦漢唐	定價：249元
04-1	史記的故事	秦漢唐	定價：250元
05	大話孫子兵法--中國第一智慧書	黃樸民	定價：249元
06	速讀二十四史--上下	汪高鑫李傳印	定價：720元
08	速讀資治通鑑	汪高鑫李傳印	定價：380元
09	速讀中國古代文學名著	汪龍麟主編	定價：450元
10	速讀世界文學名著	楊坤主編	定價：380元
11	易經的人生64個感悟	魯衛賓	定價：280元
12	心經心得	曾琦雲	定價：280元

13	淺讀《金剛經》	夏春芬	定價：210元
14	讀《三國演義》悟人生大智慧	王峰	定價：240元
15	生命的箴言《菜根譚》	秦漢唐	定價：168元
16	讀孔孟老莊悟人生智慧	張永生	定價：220元
17	厚黑學全集【壹】絕處逢生	李宗吾	定價：300元
18	厚黑學全集【貳】舌燦蓮花	李宗吾	定價：300元
19	論語的人生64個感悟	馮麗莎	定價：280元
20	老子的人生64個感悟	馮麗莎	定價：280元
21	讀墨學法家悟人生智慧	張永生	定價：220元
22	左傳的故事	秦漢唐	定價：240元
23	歷代經典絕句三百首	張曉清張笑吟	定價：260元
24	商用生活版《現代36計》	耿文國	定價：240元
25	禪話•禪音•禪心禪宗經典智慧故事全集	李偉楠	定價：280元
26	老子看破沒有說破的智慧	麥迪	定價：320元
27	莊子看破沒有說破的智慧	吳金衛	定價：320元
28	菜根譚看破沒有說破的智慧	吳金衛	定價：320元
29	孫子看破沒有說破的智慧	吳金衛	定價：320元
30	小沙彌說解《心經》	禾慧居士	定價：250元
31	每天讀點《道德經》	王福振	定價：320元
32	推背圖和燒餅歌裡的歷史	邢群麟	定價：360元
33	易經：現代生活的智慧	孫三寶	定價：280元
34	《傳習錄》白話本	姜波	定價：330元
35	《史記》故事導讀	姜波	定價：340元
36	《資治通鑑》故事導讀	姜波	定價：300元
37	厚黑學全集【參】厚黑心術	李宗吾	定價：300元
38	《碧巖錄》中的100大智慧	于水音	定價：280元
39	入骨相思知不知一醉倒在中國古代情詩裡	維小詞	定價：300元
40	厚黑學全集【肆】厚黑之道	李宗吾	定價：300元
41	一本書讀懂戰國史	秦漢唐	定價：420元
42	厚黑學全集【伍】厚黑妙法	李宗吾	定價：300元

經典中的感悟

01	莊子的人生64個感悟	秦漢唐	定價：280元
02	孫子的人生64個感悟	秦漢唐	定價：280元
03	三國演義的人生64個感悟	秦漢唐	定價：280元
04	菜根譚的人生88個感悟	秦漢唐	定價：280元
05	心經的人生88個感悟	魯衛賓	定價：280元
06	論語的人生64個感悟	馮麗莎	定價：280元
07	老子的人生64個感悟	馮麗莎	定價：280元
08	易經的人生64個感悟	魯衛賓	定價：280元

三國文學館

01	三國之五虎上將關雲長	東方誠明	定價：260元
02	三國志人物故事集	秦漢唐	定價：260元
03	三國之鐵膽英雄趙子龍	戴宗立	定價：260元

心理學大師講座

01	北大教授講解脫之道	葉舟	定價：240元
02	北大教授講包容之道	葉舟	定價：240元
03	北大教授給的24項人緣法則	葉舟	定價：240元
04	北大教授給的28項快樂法則	葉舟	定價：240元

商海巨擘

01	台灣首富郭台銘生意經	穆志濱	定價：280元
02	投資大師巴菲特生意經	王寶瑩	定價：280元
03	企業教父柳傳志生意經	王福振	定價：280元
04	華人首富李嘉誠生意經	禾田	定價：280元
05	贏在中國李開復生意經	喬政輝	定價：280元
06	阿里巴巴馬雲生意經	林雪花	定價：280元
07	海爾巨人張瑞敏生意經	田文	定價：280元
08	中國地產大鱷潘石屹生意經	王寶瑩	定價：280元

國家圖書館出版品預行編目資料

制霸：李嘉誠和他的年代 / 艾伯特 作：--
一版. -- 臺北市：廣達文化, 2014.12
面；公分. --（世界菁英：7）
ISBN 978-957-713-562-9(平裝)
1.李嘉誠 2.傳記 3.學術思想 4.企業管理)
494　　103023486

書山有路勤為徑
學海無涯苦作舟

制霸
李嘉誠和他的年代

作　者：艾伯特

叢書別：世界菁英07

出版者：廣達文化事業有限公司
文經閣企畫出版
Quanta Association Cultural Enterprises Co. Ltd
編輯執行總監：秦漢唐

編輯所：臺北市信義區中坡南路 287 號 5 樓
通訊：南港福德郵政 7-49 號
電話：27283588　傳真：27264126

E-mail：siraviko@seed.net.tw
www.quantabooks.com.tw

製　版：卡樂製版有限公司
印　刷：大裕印刷排版公司
裝　訂：秉成裝訂有限公司

代理行銷：創智文化有限公司
23674 新北市土城區忠承路 89 號 6 樓
電話：02-2268-3489　傳真：02-2269-6560

CVS 代理：美璟文化有限公司
電話：02-27239968　傳真：27239668

一版一刷：2014 年 12 月
定 價：320 元

本書如有倒裝、破損情形請於一週內退換
版權所有　翻印必究 *Printed in Taiwan*

書山有路勤為徑
學海無涯苦作舟

書山有路勤為徑
學海無涯苦作舟